U0346732

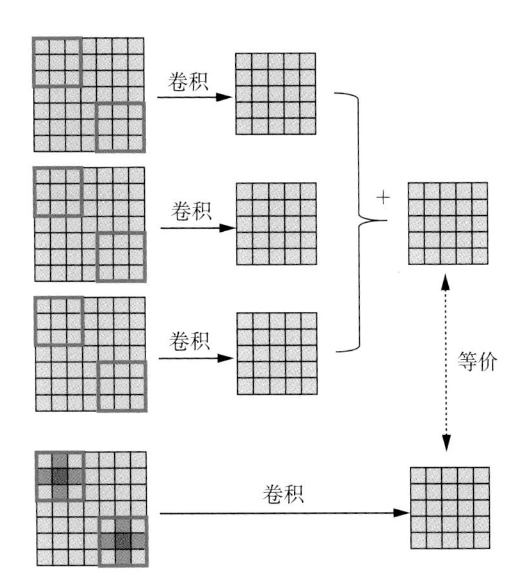

图 3.3　通过滑动窗口视角验证卷积的广义可加性

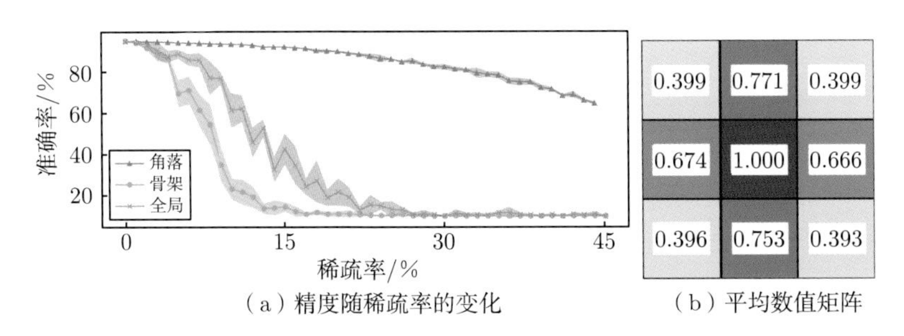

（a）精度随稀疏率的变化　　（b）平均数值矩阵

图 3.6　ResNet-56 上 ACB 转换得到的卷积核的定量分析

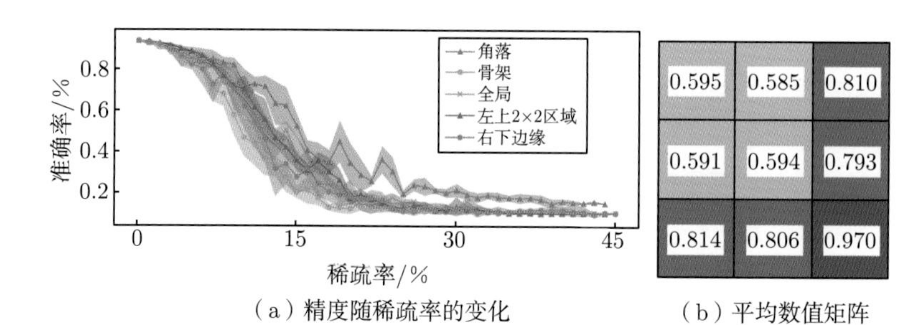

（a）精度随稀疏率的变化　　（b）平均数值矩阵

图 3.7　ResNet-56 上增强右下边缘的 ACB 的卷积核的定量分析

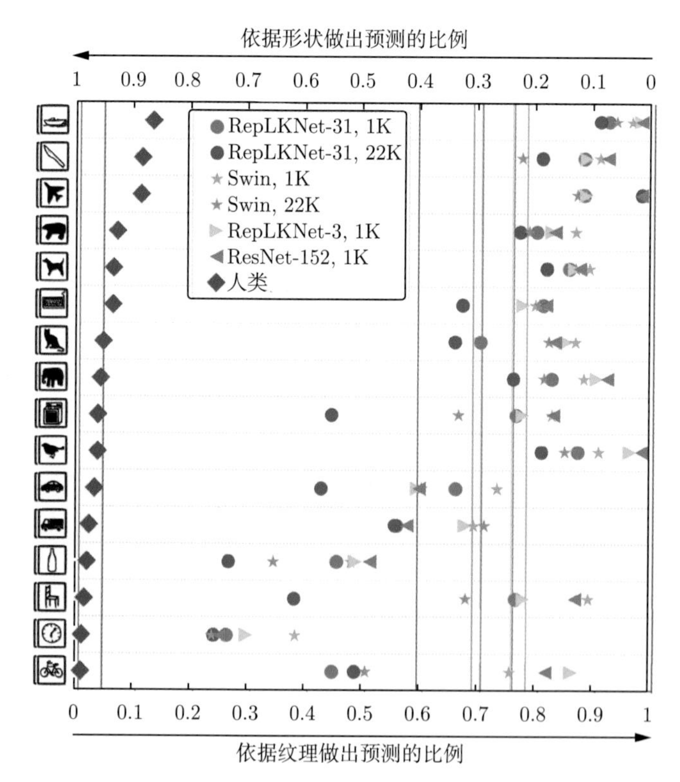

图 4.5　RepLKNet、Swin-B 和 ResNet-152 的形状偏好

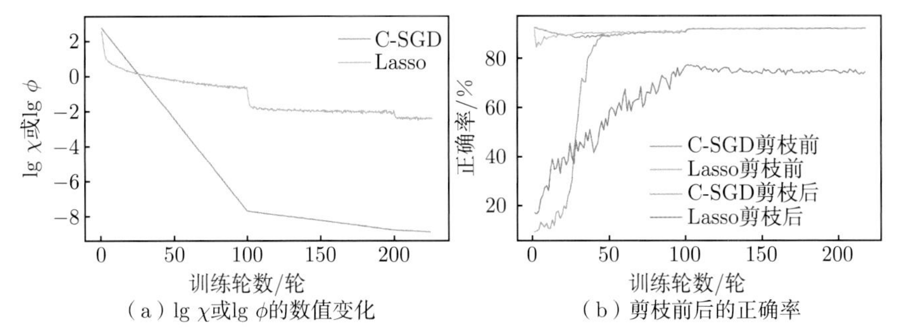

（a）lg χ或lg ϕ的数值变化　　（b）剪枝前后的正确率

图 5.8　ResNet-56 上趋同和归零冗余模式的区别

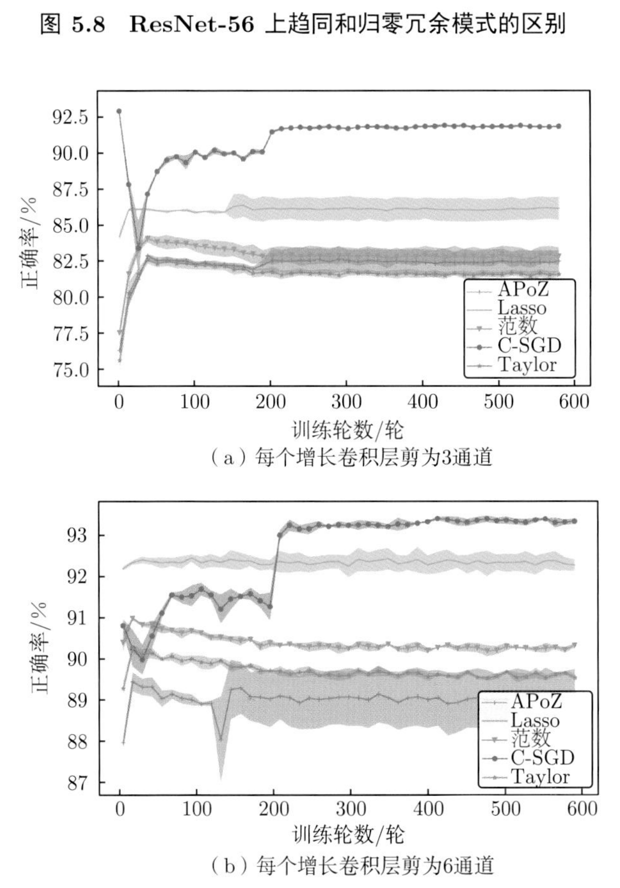

（a）每个增长卷积层剪为3通道

（b）每个增长卷积层剪为6通道

图 5.9　DenseNet-40 上的严格对比剪枝实验

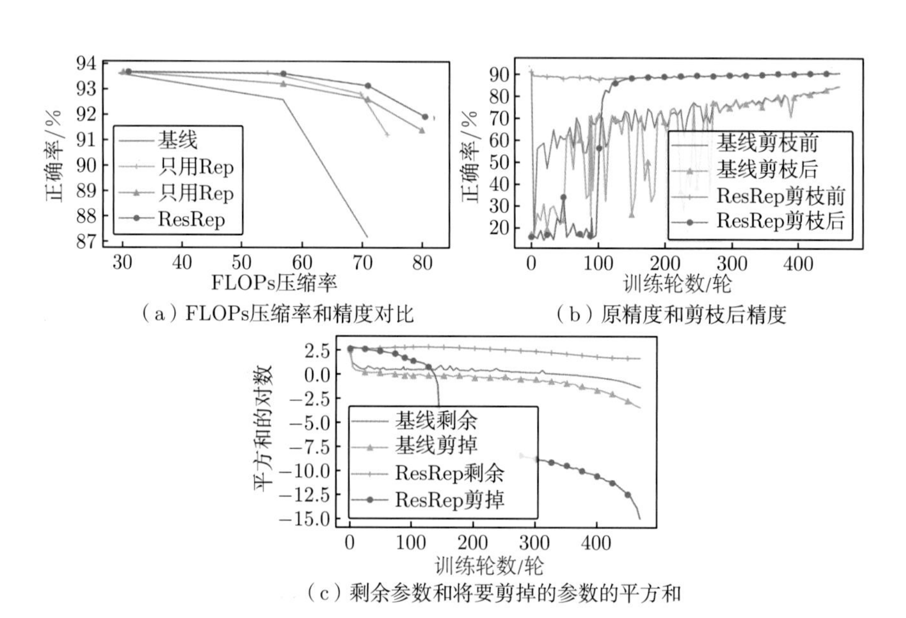

图 6.4　ResNet-56 上的剪枝结果和训练过程分析

清华大学优秀博士学位论文丛书

高效卷积神经网络的结构设计与优化

丁霄汉（Ding Xiaohan）著

Designing and Optimizing Structures for Efficient Convolutional Neural Networks

清华大学出版社
北京

内 容 简 介

随着深度学习相关技术的发展，特别是卷积神经网络技术的成熟，深度学习已经成为多种计算机视觉任务的常用工具。卷积神经网络模型由于其强大的表征能力，可以作为一种优秀主干模型，但往往以较大的参数量和计算量为代价。

本书从基本架构设计、新式通用组件、模型压缩方法三个方面着手，试图普遍地、一般地提升卷积神经网络的精度和效率。书中介绍的方法与深度学习实践联系紧密：现实生活中的视觉应用一般要求在一定的推理延迟、吞吐量、模型大小和功耗的约束下尽可能追求更高的精度，所以开发者既可以应用一种新的架构，可以用一些新式组件来提升现有架构，亦可以对一个精度更高也更大的模型应用压缩技术使之满足既定的效率约束条件。本书聚焦基础，所提出的“结构重参数化”理论、新式模型结构和模型压缩方法可以广泛用于多种模型和多种任务。

本书可为机器学习和计算机视觉领域的初学者和具备一定基础的工程技术人员及研究人员提供参考。

图书在版编目（CIP）数据

高效卷积神经网络的结构设计与优化 / 丁霄汉著. 北京 ：清华大学出版社，2024. 9. -- (清华大学优秀博士学位论文丛书). -- ISBN 978-7-302-67318-7

Ⅰ. TP183

中国国家版本馆 CIP 数据核字第 2024EK7150 号

责任编辑：孙亚楠
封面设计：傅瑞学
责任校对：赵丽敏
责任印制：丛怀宇

出版发行：清华大学出版社
网　　址：https://www.tup.com.cn, https://www.wqxuetang.com
地　　址：北京清华大学学研大厦 A 座　　邮　　编：100084
社 总 机：010-83470000　　邮　　购：010-62786544
投稿与读者服务：010-62776969, c-service@tup.tsinghua.edu.cn
质量反馈：010-62772015, zhiliang@tup.tsinghua.edu.cn

印 装 者：三河市东方印刷有限公司
经　　销：全国新华书店
开　　本：155mm×235mm　　印　张：10　　插　　页：2　　字　　数：162 千字
版　　次：2024 年 9 月第 1 版　　印　　次：2024 年 9 月第 1 次印刷
定　　价：79.00 元

产品编号：102153-01

一流博士生教育
体现一流大学人才培养的高度（代丛书序）[①]

人才培养是大学的根本任务。只有培养出一流人才的高校，才能够成为世界一流大学。本科教育是培养一流人才最重要的基础，是一流大学的底色，体现了学校的传统和特色。博士生教育是学历教育的最高层次，体现出一所大学人才培养的高度，代表着一个国家的人才培养水平。清华大学正在全面推进综合改革，深化教育教学改革，探索建立完善的博士生选拔培养机制，不断提升博士生培养质量。

学术精神的培养是博士生教育的根本

学术精神是大学精神的重要组成部分，是学者与学术群体在学术活动中坚守的价值准则。大学对学术精神的追求，反映了一所大学对学术的重视、对真理的热爱和对功利性目标的摒弃。博士生教育要培养有志于追求学术的人，其根本在于学术精神的培养。

无论古今中外，博士这一称号都和学问、学术紧密联系在一起，和知识探索密切相关。我国的博士一词起源于 2000 多年前的战国时期，是一种学官名。博士任职者负责保管文献档案、编撰著述，须知识渊博并负有传授学问的职责。东汉学者应劭在《汉官仪》中写道：“博者，通博古今；士者，辩于然否。”后来，人们逐渐把精通某种职业的专门人才称为博士。博士作为一种学位，最早产生于 12 世纪，最初它是加入教师行会的一种资格证书。19 世纪初，德国柏林大学成立，其哲学院取代了以往神学院在大学中的地位，在大学发展的历史上首次产生了由哲学院授予的哲学博士学位，并赋予了哲学博士深层次的教育内涵，即推崇学术自由、创造新知识。哲学博士的设立标志着现代博士生教育的开端，博士则被定义为

---

① 本文首发于《光明日报》，2017 年 12 月 5 日。

独立从事学术研究、具备创造新知识能力的人，是学术精神的传承者和光大者。

博士生学习期间是培养学术精神最重要的阶段。博士生需要接受严谨的学术训练，开展深入的学术研究，并通过发表学术论文、参与学术活动及博士论文答辩等环节，证明自身的学术能力。更重要的是，博士生要培养学术志趣，把对学术的热爱融入生命之中，把捍卫真理作为毕生的追求。博士生更要学会如何面对干扰和诱惑，远离功利，保持安静、从容的心态。学术精神，特别是其中所蕴含的科学理性精神、学术奉献精神，不仅对博士生未来的学术事业至关重要，对博士生一生的发展都大有裨益。

独创性和批判性思维是博士生最重要的素质

博士生需要具备很多素质，包括逻辑推理、言语表达、沟通协作等，但是最重要的素质是独创性和批判性思维。

学术重视传承，但更看重突破和创新。博士生作为学术事业的后备力量，要立志于追求独创性。独创意味着独立和创造，没有独立精神，往往很难产生创造性的成果。1929 年 6 月 3 日，在清华大学国学院导师王国维逝世二周年之际，国学院师生为纪念这位杰出的学者，募款修造“海宁王静安先生纪念碑”，同为国学院导师的陈寅恪先生撰写了碑铭，其中写道：“先生之著述，或有时而不章；先生之学说，或有时而可商；惟此独立之精神，自由之思想，历千万祀，与天壤而同久，共三光而永光。”这是对于一位学者的极高评价。中国著名的史学家、文学家司马迁所讲的“究天人之际，通古今之变，成一家之言”也是强调要在古今贯通中形成自己独立的见解，并努力达到新的高度。博士生应该以“独立之精神、自由之思想”来要求自己，不断创造新的学术成果。

诺贝尔物理学奖获得者杨振宁先生曾在 20 世纪 80 年代初对到访纽约州立大学石溪分校的 90 多名中国学生、学者提出：“独创性是科学工作者最重要的素质。”杨先生主张做研究的人一定要有独创的精神、独到的见解和独立研究的能力。在科技如此发达的今天，学术上的独创性变得越来越难，也愈加珍贵和重要。博士生要树立敢为天下先的志向，在独创性上下功夫，勇于挑战最前沿的科学问题。

批判性思维是一种遵循逻辑规则、不断质疑和反省的思维方式，具有批判性思维的人勇于挑战自己，敢于挑战权威。批判性思维的缺乏往往被认为是中国学生特有的弱项，也是我们在博士生培养方面存在的一个普遍问题。2001 年，美国卡内基基金会开展了一项“卡内基博士生教育创新计划”，针对博士生教育进行调研，并发布了研究报告。该报告指出：在美国和欧洲，培养学生保持批判而质疑的眼光看待自己、同行和导师的观点同样非常不容易，批判性思维的培养必须成为博士生培养项目的组成部分。

对于博士生而言，批判性思维的养成要从如何面对权威开始。为了鼓励学生质疑学术权威、挑战现有学术范式，培养学生的挑战精神和创新能力，清华大学在 2013 年发起“巅峰对话”，由学生自主邀请各学科领域具有国际影响力的学术大师与清华学生同台对话。该活动迄今已经举办了 21 期，先后邀请 17 位诺贝尔奖、3 位图灵奖、1 位菲尔兹奖获得者参与对话。诺贝尔化学奖得主巴里 · 夏普莱斯（Barry Sharpless）在 2013 年 11 月来清华参加“巅峰对话”时，对于清华学生的质疑精神印象深刻。他在接受媒体采访时谈道：“清华的学生无所畏惧，请原谅我的措辞，但他们真的很有胆量。”这是我听到的对清华学生的最高评价，博士生就应该具备这样的勇气和能力。培养批判性思维更难的一层是要有勇气不断否定自己，有一种不断超越自己的精神。爱因斯坦说：“在真理的认识方面，任何以权威自居的人，必将在上帝的嬉笑中垮台。”这句名言应该成为每一位从事学术研究的博士生的箴言。

提高博士生培养质量有赖于构建全方位的博士生教育体系

一流的博士生教育要有一流的教育理念，需要构建全方位的教育体系，把教育理念落实到博士生培养的各个环节中。

在博士生选拔方面，不能简单按考分录取，而是要侧重评价学术志趣和创新潜力。知识结构固然重要，但学术志趣和创新潜力更关键，考分不能完全反映学生的学术潜质。清华大学在经过多年试点探索的基础上，于 2016 年开始全面实行博士生招生“申请–审核”制，从原来的按照考试分数招收博士生，转变为按科研创新能力、专业学术潜质招收，并给予院系、学科、导师更大的自主权。《清华大学“申请–审核”制实施办法》明晰了导师和院系在考核、遴选和推荐上的权力和职责，同时确定了规范的流程及监管要求。

在博士生指导教师资格确认方面，不能论资排辈，要更看重教师的学术活力及研究工作的前沿性。博士生教育质量的提升关键在于教师，要让更多、更优秀的教师参与到博士生教育中来。清华大学从 2009 年开始探索将博士生导师评定权下放到各学位评定分委员会，允许评聘一部分优秀副教授担任博士生导师。近年来，学校在推进教师人事制度改革过程中，明确教研系列助理教授可以独立指导博士生，让富有创造活力的青年教师指导优秀的青年学生，师生相互促进、共同成长。

在促进博士生交流方面，要努力突破学科领域的界限，注重搭建跨学科的平台。跨学科交流是激发博士生学术创造力的重要途径，博士生要努力提升在交叉学科领域开展科研工作的能力。清华大学于 2014 年创办了“微沙龙”平台，同学们可以通过微信平台随时发布学术话题，寻觅学术伙伴。3 年来，博士生参与和发起“微沙龙”12 000 多场，参与博士生达 38 000 多人次。“微沙龙”促进了不同学科学生之间的思想碰撞，激发了同学们的学术志趣。清华于 2002 年创办了博士生论坛，论坛由同学自己组织，师生共同参与。博士生论坛持续举办了 500 期，开展了 18 000 多场学术报告，切实起到了师生互动、教学相长、学科交融、促进交流的作用。学校积极资助博士生到世界一流大学开展交流与合作研究，超过 60%的博士生有海外访学经历。清华于 2011 年设立了发展中国家博士生项目，鼓励学生到发展中国家亲身体验和调研，在全球化背景下研究发展中国家的各类问题。

在博士学位评定方面，权力要进一步下放，学术判断应该由各领域的学者来负责。院系二级学术单位应该在评定博士论文水平上拥有更多的权力，也应担负更多的责任。清华大学从 2015 年开始把学位论文的评审职责授权给各学位评定分委员会，学位论文质量和学位评审过程主要由各学位分委员会进行把关，校学位委员会负责学位管理整体工作，负责制度建设和争议事项处理。

全面提高人才培养能力是建设世界一流大学的核心。博士生培养质量的提升是大学办学质量提升的重要标志。我们要高度重视、充分发挥博士生教育的战略性、引领性作用，面向世界、勇于进取，树立自信、保持特色，不断推动一流大学的人才培养迈向新的高度。

邱勇

清华大学校长

2017 年 12 月

丛书序二

以学术型人才培养为主的博士生教育，肩负着培养具有国际竞争力的高层次学术创新人才的重任，是国家发展战略的重要组成部分，是清华大学人才培养的重中之重。

作为首批设立研究生院的高校，清华大学自 20 世纪 80 年代初开始，立足国家和社会需要，结合校内实际情况，不断推动博士生教育改革。为了提供适宜博士生成长的学术环境，我校一方面不断地营造浓厚的学术氛围，一方面大力推动培养模式创新探索。我校从多年前就已开始运行一系列博士生培养专项基金和特色项目，激励博士生潜心学术、锐意创新，拓宽博士生的国际视野，倡导跨学科研究与交流，不断提升博士生培养质量。

博士生是最具创造力的学术研究新生力量，思维活跃，求真求实。他们在导师的指导下进入本领域研究前沿，吸取本领域最新的研究成果，拓宽人类的认知边界，不断取得创新性成果。这套优秀博士学位论文丛书，不仅是我校博士生研究工作前沿成果的体现，也是我校博士生学术精神传承和光大的体现。

这套丛书的每一篇论文均来自学校新近每年评选的校级优秀博士学位论文。为了鼓励创新，激励优秀的博士生脱颖而出，同时激励导师悉心指导，我校评选校级优秀博士学位论文已有 20 多年。评选出的优秀博士学位论文代表了我校各学科最优秀的博士学位论文的水平。为了传播优秀的博士学位论文成果，更好地推动学术交流与学科建设，促进博士生未来发展和成长，清华大学研究生院与清华大学出版社合作出版这些优秀的博士学位论文。

感谢清华大学出版社，悉心地为每位作者提供专业、细致的写作和出版指导，使这些博士论文以专著方式呈现在读者面前，促进了这些最新的优秀研究成果的快速广泛传播。相信本套丛书的出版可以为国内外各相关领域或交叉领域的在读研究生和科研人员提供有益的参考，为相关学科领域的发展和优秀科研成果的转化起到积极的推动作用。

感谢丛书作者的导师们。这些优秀的博士学位论文，从选题、研究到成文，离不开导师的精心指导。我校优秀的师生导学传统，成就了一项项优秀的研究成果，成就了一大批青年学者，也成就了清华的学术研究。感谢导师们为每篇论文精心撰写序言，帮助读者更好地理解论文。

感谢丛书的作者们。他们优秀的学术成果，连同鲜活的思想、创新的精神、严谨的学风，都为致力于学术研究的后来者树立了榜样。他们本着精益求精的精神，对论文进行了细致的修改完善，使之在具备科学性、前沿性的同时，更具系统性和可读性。

这套丛书涵盖清华众多学科，从论文的选题能够感受到作者们积极参与国家重大战略、社会发展问题、新兴产业创新等的研究热情，能够感受到作者们的国际视野和人文情怀。相信这些年轻作者们勇于承担学术创新重任的社会责任感能够感染和带动越来越多的博士生，将论文书写在祖国的大地上。

祝愿丛书的作者们、读者们和所有从事学术研究的同行们在未来的道路上坚持梦想，百折不挠！在服务国家、奉献社会和造福人类的事业中不断创新，做新时代的引领者。

相信每一位读者在阅读这一本本学术著作的时候，在吸取学术创新成果、享受学术之美的同时，能够将其中所蕴含的科学理性精神和学术奉献精神传播和发扬出去。

清华大学研究生院院长

2018 年 1 月 5 日

导师序言

丁霄汉博士的研究聚焦于卷积神经网络的结构设计与优化。这一领域是深度学习技术的研究热点之一，相关技术成果对于推动人工智能技术的应用落地起到了积极作用。

本书针对卷积神经网络的模型结构设计及压缩优化问题开展研究工作，选题具有重要的理论意义和实际应用价值。全书的主要工作及贡献如下：在卷积神经网络架构设计层面，设计了一种简单高效的卷积神经网络架构 RepVGG，提出了结构重参数化的模型训练方法，实现训练时的复杂模型到推理时的简单模型的等价转化；在卷积网络组件层面，给出了一种非对称卷积模块设计方法，提出了一种重参数化大卷积核模块，实验验证了所提出的卷积组件的有效性；在模型压缩方面，提出了一种基于优化过程的向心随机梯度下降模型压缩方法，并进一步提出了一种基于结构重参数化的模型剪枝方法，实验验证了所提模型压缩方法的有效性。

本书反映出作者掌握了本专业坚实的基础理论和良好的专业技能，表明作者能独立地开展相关领域的理论研究工作和技术攻关工作，具有优秀的科学研究能力和独立解决问题的能力，全书逻辑结构清晰，文字表达流畅，达到博士研究生的要求。我相信本书的出版将为广大学者和从业者提供启示，并助力机器学习和计算机视觉等相关领域的发展。

丁贵广，博士

清华大学软件学院长聘教授

清华大学信息科学与技术国家研究中心副主任

摘　要

当前，图像分类、目标检测、语义分割等多种计算机视觉任务的主流方法是用卷积神经网络作为主干模型，从输入的图像或视频中提取特征，然后对特征进行不同的处理。所以，如果能通过设计更好的结构而提高卷积神经网络的精度和效率，就可以广泛惠及多种视觉任务。聚焦于高效卷积神经网络的结构设计与优化，本书从架构、组件和压缩方法三个方面入手。在实践中，这三个方面联系紧密：现实应用一般要求在一定的推理开销的约束下追求尽可能高的精度，所以开发者既可以应用一种新的网络架构，也可以使用新式组件来改进现有架构，还可以对一个精度更高也更大的模型进行压缩（如剪枝）以使之满足既定的效率约束。

在架构层面，为了实现高并行度和大吞吐量，本书提出了一种极简、高效的卷积神经网络基本架构：RepVGG。与当今多路径的主流模型架构范式不同，这一架构为单路径设计，没有任何分支结构，仅由 3×3 卷积构成。为提升这种极简架构的精度，本书提出了一种称为“结构重参数化”的方法论，用以实现训练时的复杂模型到推理时的简单模型的等价转化。在结构重参数化的作用下，RepVGG 可达到与最新的复杂模型相当的精度。

在组件层面，为了在不改变模型的宏观架构和推理时结构的前提下提升其精度，本书提出了一种强化的基本组件以替换常规卷积层：非对称卷积模块（asymmetric convolution block，ACB）。这一组件应用非对称卷积来增强常规卷积层。这些非对称卷积层可以等价合并到常规的卷积层中，故不引入任何推理开销。为了填补业界关于大尺寸卷积核设计的知识空白，重新发现卷积核尺寸这一设计维度的重要价值，本书提出了一种基本组件：重参数化大卷积核模块（re-parameterized large kernel block, RepLKB）。这一组件采用超大尺寸卷积核和恒等短路链接等关键设计，显著提升了卷积神经网络在下游任务上的精度和效率，更新了卷积神经网络的设计范式——从堆叠大量小卷积核到使用少量大卷积核。

在压缩方法层面，为了克服传统方法精度损失大、需要微调的缺点，本书提出了一种基于优化过程的方法：向心随机梯度下降（centripetal stochastic gradient descent, centripetal SGD）。这一方法修改了梯度下降的更新规则以制造一种特殊的冗余模式，成功解决了深度复杂模型压缩中的受约束剪枝问题。为了进一步实现高精度剪枝，受人脑记忆机制的启发，本书提出了一种基于模型结构转换的剪枝方法：ResRep。应用结构重参数化，这一方法通过解耦通道剪枝过程中的“记忆”和“遗忘”机制取得了业内最佳的效果。

关键词：卷积神经网络；主干模型；架构设计；模型压缩；结构重参数化

Abstract

The mainstream solution to multiple computer vision tasks (e.g., image classification, objection detection and semantic segmentation) is using Convolutional Neural Network (CNN) as the backbone to extract features from images or videos and then processing the features in different ways. Therefore, improving the accuracy and efficiency of general CNN via designing better structures may benefit multiple vision tasks. For designing and optimizing structures for efficient CNN, we contribute from three aspects: the architectural design, novel components and model compression methods. In practice, such three aspects are closely related, since the real-world applications typically require us to pursue high performance under certain constraints of efficiency. Therefore, one may adopt a new architecture, use some novel components to improve an existing architecture, or compress (e.g., prune) a bigger and better-performing model into a smaller one to meet the constraints of efficiency.

In terms of CNN architecture, to realize high degree of parallelism and high throughput, we propose RepVGG, which is extremely simple and efficient. Different from the modern mainstream multi-path architectures, RepVGG is single-path, has no branches and comprises only 3×3 convolutions. To improve the accuracy of such a simple architecture, we propose a novel methodology named Structural Re-parameterization to equivalently convert a training-time complicated model into an inference-time simple model. With Structural Re-parameterization, RepVGG can reach a comparable level of accuracy with the up-to-date complicated models.

In terms of CNN components, to improve the performance of CNN without changing the overall architecture nor the inference-time structure, we propose a powerful CNN building block to replace ordinary convolutional layers: Asymmetric Convolution Block (ACB). ACB uses asymmetric convolutions to enhance regular convolutional layers, which can be equivalently merged into the regular layers, introducing no extra inference-time costs. To explore the design of large convolution kernels and rediscover the significance of kernel size, which is found to be a vital design dimension, we propose a building block: Re-parameterized Large Kernel Block (RepLKB). RepLKB adopts core design elements such as very large kernel sizes and identity shortcuts to significantly boost the accuracy and efficiency of CNN, especially on downstream tasks, which highlights a new CNN design paradigm of using a few large kernels rather than many small ones.

In terms of model compression, to overcome the common drawbacks of traditional methods, such as significant accuracy drop and the need for finetuning, we propose Centripetal SGD, which is based on a custom optimization method. This method produces a special redundancy pattern for channel pruning via changing the update rule, which solves the problem of constrained filter pruning in deep models with complicated structures. Furthermore, to realize high-accuracy channel pruning, as inspired by the mechanisms of remembering and forgetting in human brain, we propose ResRep, which is a channel pruning method based on the transformation of model structures. With Structural Re-parameterization, this method achieves state-of-the-art results via decoupling the remembering and forgetting in the pruning process.

KeyWords: Convolutional Neural Network; Backbone; Architectural Design; Model Compression; Structural Re-parameterization

目　录

第 1 章 绪 论

1.1 研究背景与意义

人类的生产生活产生了海量的图像、视频等视觉数据。一方面，便携式智能设备的普及、互联网的发展和人类生活水平的提高催生了种类繁多的智能视觉应用，人们逐渐习惯于美颜相机、自动驾驶、智能安防等视觉应用带来的生活便利，且对这些视觉应用的性能期望逐渐提高。另一方面，随着视觉数据量产出速率的提升，特别是互联网视频和安防监控视频的爆炸式增长，仅靠人力越来越难以对海量数据进行识别、检测、归纳和检索。在当前背景下，计算机视觉，这个研究如何使机器“看”的领域，得到了日益密切的关注。

由于视觉任务种类繁多，学术界和工业界希望不同任务的各种解决方案有一定的共通之处。目标检测、语义分割等诸多任务的主流解决方案采用一种两阶段范式：首先设计一种通用的特征提取器，从视频、图像等视觉数据中提取特征，然后根据任务设计不同的后处理算法，对特征进行处理，以得到期望的输出。例如，在自动驾驶车辆的智能感知系统中，车载摄像头拍摄到的同一张图片可能同时作为语义分割和目标检测任务的输入，但这两个任务可以共享一部分计算，即上述特征提取的过程。应用这种两阶段范式，只需要对图片提取一次特征，然后将特征同时输入到语义分割和目标检测算法中去，即可得到期望的输出结果。显然，这种解决方案的关键在于这一通用特征提取器的质量。

随着深度学习相关技术的发展，特别是卷积神经网络（convolutional neural network，CNN）技术的成熟，如今深度学习已经成为多种计算机视觉任务的常用工具[1-4]。卷积神经网络的基本原理与动物视皮质的工作原理类似，其使用二维卷积核在输入图像上以滑动窗口（sliding window）的方式提取特征，并将提取到的特征图（feature map）输入后续卷积层，通过卷积层的堆叠逐渐提取高层语义特征。目标检测[5]、语义分割[6]等视觉任务中的探索表明，使用卷积神经网络提取到的特征在不同任务中可以经过不同的后处理而最终取得令人满意的结果，证明了此种特征的通用性。也就是说，卷积神经网络模型可以作为一种优秀的通用特征提取器。业界一般将这种通用特征提取器称为主干模型（backbone），将上述以主干模型输出的特征作为输入、负责进行具体任务相关的后处理的模型称为头（head），如图 1.1 所示。例如，目标检测任务中生成边界框和类别的部分可称为检测头。

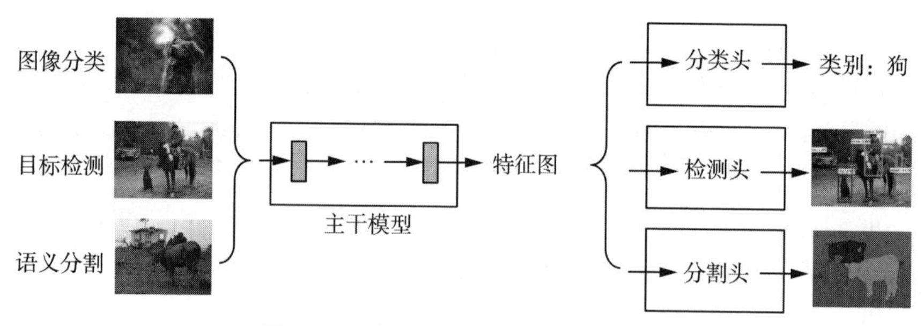

图 1.1 应用主干模型的两阶段范式

随着可用数据量的增加，特别是开放大规模预训练数据集（如 ImageNet[7]）的广泛应用，以卷积神经网络作为主干模型的两阶段解决方案的通用性愈发显著。这是因为主干模型可以在 ImageNet 等图像分类数据集上进行预训练，且同一个预训练好的主干模型可以用于不同的视觉任务，只需要将模型在不同的目标数据集上进行微调。由于卷积神经网络具有强大的表征能力，主干模型已经在预训练数据集上学到了一般的、通用的语义表征，这种预训练—微调范式的性能显著强于直接在目标数据集上从头开始训练的性能。

然而，这种两阶段解决方案依赖于卷积神经网络的强大表征能力，而后者往往以较大的参数量和计算量为代价。一般地，在固定一个卷积神经网络的宏观拓扑结构和输入格式的前提下，增大其深度（即卷积层的数量）和宽度（即各层通道数量，也即滤波器的数量）即可提高其表征能力，但也会增加其参数量和计算量。这里计算量一般用浮点运算量（floating point operations，FLOPs）衡量。具体来说，卷积神经网络的大部分参数量和 FLOPs 取决于卷积层，且每一个卷积层的参数量和 FLOPs 正比于其输入通道数量和输出通道数量的乘积。因此，整个模型的参数量和 FLOPs 取决于深度 $\times$ 宽度^2。可见，通过提升宽度和深度的简单方法提高其表征能力将会显著降低模型的推理效率。业界一般以精度指标和效率指标的平衡来衡量卷积神经网络模型的性能。精度指标包括图像分类任务的正确率（top-1 accuracy）、前五正确率（top-5 accuracy）、语义分割任务的平均交并比（mean intersection over union, mIoU）、目标检测任务的平均准确率（mean average precision，mAP）等。效率指标包括模型的参数数量、FLOPs、特定部署环境下的实际吞吐量（throughput）等。

近年来，为提升卷积神经网络的精度和效率，学术界和工业界进行了多方面的努力，包括但不限于设计和优化网络结构[8-11]、改进通用或定制化硬件（如 GPU、NPU 等）及软件平台[12-13]、改进训练方法和技术[14-15]、改进数据扩充策略[16-17]等。本书聚焦于网络结构的设计和优化是因为其具有通用性，而训练方法、技术和数据扩充策略是与具体任务和具体数据相耦合的。例如，改进主干模型的结构一般可以同时提升其在目标检测、语义分割等多个下游任务上的性能，但 ImageNet 分类、ADE20K[18] 语义分割和 COCO 目标检测[19]的训练方法（如学习率策略）和数据扩充技术是不同的。

也就是说，本书所关注的如何设计和优化卷积神经网络的结构以得到效率和精度的更好平衡，是卷积神经网络这一基本工具的基本问题。

研究这一基本工具的基本问题，即通过结构的设计和优化而普遍地、一般地提升卷积神经网络的性能，实现效率和精度的更好平衡，具有显著的理论价值和实际应用价值。从理论层面，卷积神经网络的性能提升意味着对数据的更好的建模方式、更精确的语义描述和更有效的学习过程，因而有助于业界对数据、特征、建模方式和机器学习算法的更好的理解。在实际应用方面，主干模型的改进意味着在一定的效率约束下能够提取到更高质量的特征，从而可以广泛地提升多种视觉应用的性能。例如，ResNet[10] 的成功既更新了业界对神经网络中信息建模方式和学习过程的理解——只要把每一层的特征映射从简单形式（$y = f(x)$）改为残差形式（$y = x + f(x)$）就可以训练极深模型，同时也大幅提升了目标检测、语义分割等下游任务的精度，大大推进了领域前沿的发展。

针对这一基本问题，学术界和工业界进行了多方向的探索。本书从以下三个方向着手：基本架构设计、新式通用组件、模型压缩方法。

卷积神经网络的基本构成要素包括卷积层、池化（pooling) 层、全连接层等。架构设计的目的是给出一种指定各个组件如何相互连接的设计方案，即规定每一层的输入、输出是什么。这种设计工作具有本质的复杂性和挑战性。

在卷积神经网络整体架构固定的前提下，也可以通过插入或替换一些新式组件来提高整个模型的表征能力。在现实应用中，有时开发者希望提升原有模型的性能，却又无法承担重新调研、训练、部署、调试一种新架构的开销，此时即可以考虑向原模型中加入某些新式组件或替换原有组件。

另一种提升模型性能的思路是先训练出一个较大、表征能力较强的模型，然后应用模型压缩方法将大模型变小。由于深度卷积神经网络普遍存在的冗余性，有可能去除网络中不必要的参数和结构以减少网络总体的参数数量和计算量，又不造成严重的精度损失，因而最终通过压缩大模型得到的小模型可能比直接训练的小模型更好。

在深度学习实践中，本书选择的三个方向是紧密联系的，如图 1.2 所示。现实生活中的视觉应用一般要求在一定的推理延迟、吞吐量、模型

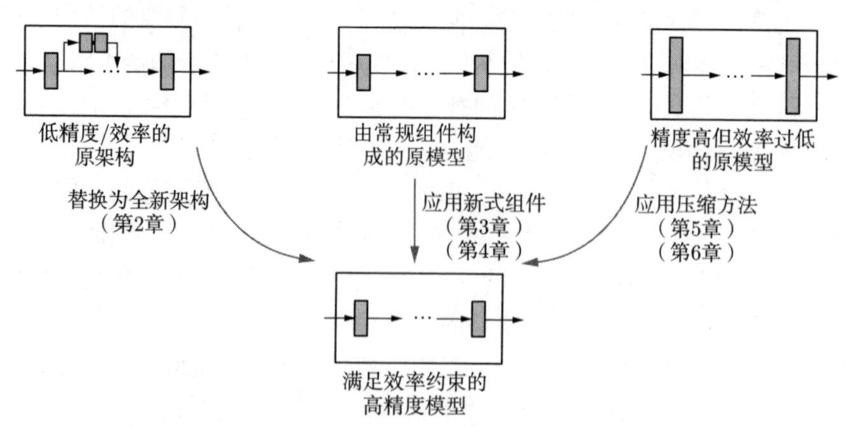

图 1.2　架构、组件、模型压缩方法之间的联系

大小和功耗的约束下尽可能追求更高的精度，所以开发者既可以应用一种新的架构、新式组件来提升现有架构，亦可以对一个精度更高也更大的模型应用压缩技术使之满足既定的效率约束条件。换言之，模型压缩方法（特别是本书重点探讨的通道剪枝方法）也可以看成是一种对模型结构进行优化的方法。

1.2 国内外研究现状

1.2.1 基本架构设计

一般认为第一个用于视觉任务的实用卷积神经网络是 1998 年 Yann LeCun 等提出的用于手写数字识别的 LeNet-5[4]，它由两个卷积层和三个全连接层组成。尽管 LeNet-5 的性能没有超过传统方法（如支持向量机 support vector machine，SVM），但它已经具备了现代卷积神经网络的主要元素。2012 年，Alex-Net[8] 赢得了 ILSVRC 比赛冠军，引起了业界对卷积神经网络的广泛关注。AlexNet 继承和发展了 LeNet-5 的基本架构，包含五个卷积层和三个全连接层，被认为是第一个实用的深度卷积神经网络。2014 年，牛津大学 Visual Geometry Group 实验室（VGG）提出了 VGGNet[9]，其不同版本包含 8~16 个卷积层。而且，不同于 AlexNet 采用的 11×11 和 5×5 卷积，VGGNet 采用的卷积核全部为 3×3。VGGNet 的优异性能证明了增加模型的深度、堆叠大量小卷积核的卷积层即可以较低的计算开销取得较高的精度。

不难看出，从 LeNet-5 到 VGGNet，模型的深度、体量和精度有了大幅提升，但其基本拓扑结构是类似的，即简单堆叠若干卷积层，“一卷到底”，没有分支结构。本书将这种架构称为单路径（single-path）架构，业界也将其称为朴素（plain）或前馈（feed-forward）架构。随着 Inception[20-23]、ResNet[10] 和 DenseNet[24] 等多路径架构的提出，业界的研究重心开始转向复杂的多路径架构。

与 VGGNet 同时提出的 GoogLeNet[20] 被认为是多路径复杂架构的早期代表作。GoogLeNet 在同一个模块中集成不同感受野的卷积层以提取不同尺度的特征，包括 1×1、3×3、5×5 等，并堆叠这种多分支模块来构成一个多路径架构模型。GoogLeNet 赢得了 ILSVRC 2014 冠军，其后继系列 Inception v2[23]、Inception v3[21] 等也引发了广泛关注，标志着多路径模型的蓬勃发展。2015 年，另一种多路径架构 ResNet[10] 的提出解决了著名的深度退化问题：理论上深度模型的表征能力会随着深度的增加而增强，但是实际上，单路径架构的精度随着深度的提升会趋于停滞，甚至会倒退。例如，34 层的单路径模型的精度甚至不如 18 层的，尽管前者的体量大得多[10]。ResNet 创造性地使用残差结构来改变神经网络中的信息建模方式，即从“学习映射本身”到“学习残差”。ResNet 的实现非常简单：只要将一个模块（由 2 个或 3 个卷积层组成）的输出与其输入相加作为下一模块的输入即可，如图 1.3 所示。由于深度退化问题的解决，非常深的 ResNet 也可以取得优越的精度，赢得了 ILSVRC 2015 冠军。

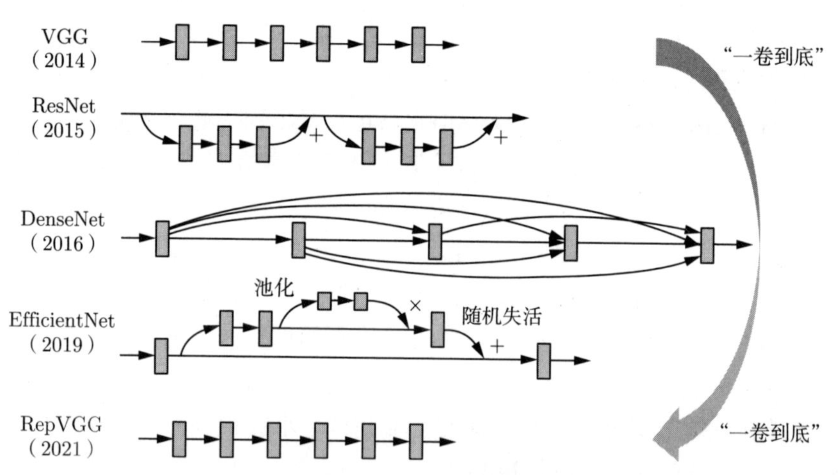

图 1.3 单路径架构和几种多路径架构的局部示意图

图中矩形代表卷积层，箭头代表特征图的流向

近年来，基于逐通道（depth-wise）卷积的高效模型进展迅猛：MobileNet[25-26]、ShuffleNet[27-28] 等模型大量应用逐通道卷积，显著减小了参数量和运算量；GhostNet[29] 发现了特征图之间存在相似性，利用线性映射扩充特征图的数量；EfficientNet[11] 利用神经网络架构搜索和复合缩放技术取得了优秀的精度和 FLOPs 的平衡，得到了广泛应用。

时至今日，虽然初始版本的 VGGNet、GoogLeNet、ResNet 已经较少用于实际应用了，但其核心思想已经成为了架构设计领域的基本设计元素，例如堆叠大量的小卷积核（VGGNet）、并行多尺度卷积（GoogLeNet）

等。特别地，因为 ResNet 的简单性和有效性，残差结构已经成为了最普遍的设计元素之一。除了 ResNet 的各种改进型（Wide ResNet[30]、ResNeXt[31]、RegNet[32] 等），大量其他新型模型（如 MobileNet V2[26]、Xception[33] 等）也将残差结构作为一种基本组成要素。

1.2.2 新式通用组件

虽然卷积神经网络的性能随着架构设计的进步有了显著提升，但当现有模型无法满足特定应用的需求时，现实条件可能并不允许以繁重的人力或昂贵的算力为代价来训练、调整、部署一种新的架构。为了在不改变基本架构的前提下提升模型的精度，新式通用组件设计领域也受到了广泛关注。这些组件可以直接与各种最新的架构结合，以提高实际应用中的模型性能。

除卷积层、池化层、全连接层外，卷积神经网络中常用的组件还包括归一化（normalization）层，其中包括 AlexNet[8] 中使用的局部响应归一化（local response normalization，LRN)、Inception v2 中提出的批归一化[23]（batch normalization，BN) 等。BN 的基本原理是在训练时统计每一批（batch）数据经过 BN 层的特征图的均值和方差，并用移动平均（moving average）的方式记录这些统计量。在推理时，这些统计量会用于对经过该层的特征图进行归一化，使之均值为 0、方差为 1。研究表明，这种归一化方式可以大大提升训练效率和最终精度。在现代卷积神经网络中，BN 已经成为最常用的组件之一，通常放置在每个卷积层之后。不难看出，BN 具有不同的训练时和推理时行为：训练时是非线性的（计算方差），而推理时是线性的（减去记录的均值并除以记录的标准差）。又因为卷积也是一种线性运算，故放置在卷积层后的 BN 可以在推理时通过简单的线性变换而等价去除，只要将 BN 的参数合并到卷积核中去即可。这进一步提高了 BN 的效率和实用性。

SE 模块[34]（squeeze-excitation block）也是一种代表性的基本组件，可以通过特征重校准（re-calibration）来提高模型精度。SE 模块可以插入多种架构，以较少的额外参数量和计算量取得可观的性能提升。大量运用 SE 模块的著名架构包括 SENet[34]、EfficientNet[11] 等。如果说 SE 模块是“即插即用”，CondConv[35] 则代表了另一种“即换即用”的方式，即替换网络中原有的卷积层。CondConv 可以在推理时动态计算出卷积核的参数，通过大幅增加参数量和少量增加 FLOPs 来提高精度。

1.2.3 通道剪枝方法

随着卷积神经网络越来越宽、越来越深，其内存占用、功耗和 FLOPs 都急剧增加。在这一背景下，卷积神经网络压缩和加速方法得到了广泛关注。代表性的模型压缩方法包括模型量化[36-40]、知识蒸馏[41-43]、非结构化剪枝[44]（稀疏化）、结构化剪枝[45-47]（如通道剪枝）等。本章主要研究通道剪枝[48]，也称为滤波器剪枝[45]或网络瘦身[46]。本书聚焦于通道剪枝，是出于以下三个原因。①泛用性：通道剪枝方法作用的对象是卷积层，可作用于包含卷积层的任意模型，可以用于各种应用领域、网络架构和部署平台。②有效性：通道剪枝方法可以显著减少模型的 FLOPs。例如，如果将模型的宽度整体压缩为原来的 50%，FLOPs 就会变为原来的 25%。③互补性：通道剪枝方法只是将原模型变窄，而不会改变其宏观拓扑结构，也不会引入任何特殊运算。因此，通道剪枝方法可以与其他模型压缩和加速方法一起使用，达到更好的压缩效果。

本书将通道剪枝的典型流程概括为冗余训练、通道选择、剪枝重构、微调四个步骤。其中通道选择和剪枝重构是必需步骤。

（1）冗余训练（可选）：从低冗余性的原模型到高冗余性模型。如果能将原模型中的一部分通道变得无关紧要，那么剪掉它们就不会造成明显的精度损失。一些工作通过特殊的训练过程增强模型中一部分结构的冗余性。例如，在卷积核上施加 Group Lasso 约束[49-50]可以将一些滤波器的权值变得接近 0。虽然这个训练过程可能会造成精度损失，但是剪掉那些接近 0 的滤波器时造成的精度损失会大大减小，所以整体的精度损失一般会优于不经训练而直接剪枝的做法。

（2）通道选择（必需）：给定一个训练好的卷积神经网络，通过某种方法选中卷积层的一些通道。大量研究工作注意到，卷积神经网络中不同层、同一层的不同通道的重要性是不同的。显然，为了最大限度地避免模型的精度损失，应该选择最不重要的通道来剪掉。一些典型的选择标准包括通道对应的滤波器的权值大小[45]、特征图中的非零值比例[51]、基于 Taylor 展开式的精度损失估计[52]、BN 层的缩放因子大小[46]等。

（3）剪枝重构（必需）：从大模型到小模型。以图 1.4 中所示的两层 $K \times K$ 卷积为例，设第 1 层的输入/输出通道分别为 2 和 4，第 2 层的输入/输出通道分别为 4 和 6，则第 1 层的卷积核的张量形状为 $(4,2,K,K)$，第 2 层的为 $(6,4,K,K)$。假设要剪掉第 1 层的第 4 个通道，那么就要移除其卷积核的第 4 个滤波器，同时移除第 2 层的每个滤波器的第 4 个输入通道。

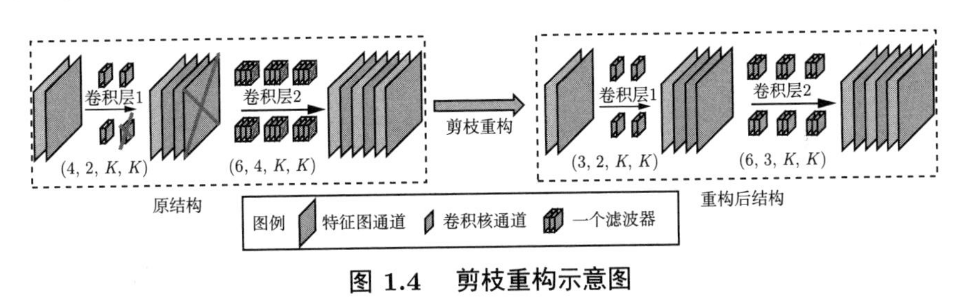

图 1.4 剪枝重构示意图

（4）微调（可选）：从剪枝后的低精度小模型到较高精度小模型，与一般的训练过程无异。

上述典型流程的缺陷，除了其复杂性以外，还在于剪枝操作可能显著降低模型的精度，而微调很难完全补偿这种精度损失。在一项著名研究中[53]，研究者发现微调一个剪枝得到的模型很容易使优化过程陷入局部极小值点，最终得到的精度甚至可能不如直接训练一个小的模型。

1.2.4 其他模型压缩方法

除通道剪枝以外，一些其他方法也可以压缩和加速卷积神经网络。例如，一些方法[54-61] 将参数张量分解成若干个张量，使得总的参数量变小；模型量化方法[36-40] 将每个参数所用的比特数减小，例如从 32 位浮点数降为 8 位整数、4 位整数等；知识蒸馏方法[41-43] 利用大型的“教师”模型指导小型的“学生”模型训练，将前者的知识迁移到后者；还有一些工作通过 FFT[62-63] 和 DCT[64] 等方法来加速卷积运算；非结构化剪枝[44,65]（又称稀疏化）可以将模型的权值张量变得稀疏，从而减少其存储空间。一些模型压缩方法可以组合起来达到更高的压缩率，例如 Deep Compression[37] 这一工作将 Huffman 编码等方法与非结构化剪枝结合，实现了更高的压缩率，说明这些方法具有互补性。

1.3 研究内容和主要贡献

聚焦于上述基本问题，本书意图提出一般性、基础性、通用性的方法以提高卷积神经网络模型的性能。以这一要求为前提，本书选择三个主要研究方向：基本架构设计、新式通用组件和通道剪枝方法。本节将概述本书在这三个研究方向上发现的问题和做出的主要贡献。

1.3.1 基本架构设计

在基本架构的繁荣发展之中，本书注意到现代多路径复杂架构的几个缺陷：

（1）相比于单路径架构，多路径模型在高吞吐量设备（例如 GPU 和某些定制推理芯片）上的实际效率不高。这是因为对于具有强大并行计算能力的设备而言，在总 FLOPs 相同的情况下，少量“大而规整”的算子运行速度会高于大量“小而零碎”的算子[28]。

（2）多路径架构占用内存（或 GPU 显存）较多。以 ResNet[10] 为例，虽然残差结构引入的额外运算（仅仅是一个模块的输入和其输出的相加）可以忽略不计，但需要额外的存储空间来存放输入特征图。

（3）许多复杂架构依赖一些特殊算子，如逐通道卷积[25-26]、通道混洗操作[27] 等。在 GPU 等通用计算设备上，由于缺乏针对性的优化，一些新式算子的效率往往不如常规卷积等常用算子。在各式各样的前端设备和定制设备上，这些特殊算子可能得不到硬件支持，从而使得模型完全无法运行。

这些缺陷较少得到关注，主要是因为学术界在评价模型的效率指标时一般考虑模型的参数量和理论 FLOPs。然而值得注意的是，模型的实际性能不只取决于理论 FLOPs，还与运行的平台密切相关。例如，EfficientNet[11] 系列 FLOPs 较低，在移动端等低算力设备上性能出众；然而，在 GPU 等高算力设备上，EfficientNet 结构复杂、并行度低的缺点严重限制了其实际速度；在一些为高吞吐量设计的定制芯片上，EfficientNet 甚至可能完全无法部署。

尽管复杂架构具有上述缺点，业界仍然较少研究简单架构。相比于如今流行的复杂架构，虽然经典的单路架构（如 VGG-16）具有结构简单、并行度高、速度快、内存利用率高的特点，但是精度远远低于多路架构（例如，VGG-16 的 ImageNet 正确率在 73%左右，而体量相当的 ResNet 可达 79%左右），所以被认为没有应用价值。如前所述，自 2015 年以来，经典的“VGG 式”（单路径、无分支）模型就被 ResNet 等多路架构所取代，已数年无人问津。在过去的几年中，网络架构的发展趋势是从简单（单路径、堆叠普通卷积）到复杂（多路径、逐通道卷积、各种新式算子）再到更加复杂（使用架构搜索方法得到结构设计）。

然而，人类的认识是螺旋式地上升的[①]。本书意图提出一种极简又高效的单路径卷积神经网络架构，既作为主干模型惠及多种视觉任务，又启发人们对现代架构发展的重新思考。

显然，实现这一目标的关键在于解决 VGG 式单路架构精度低下的问题。为此，本书抽象出一种全新的方法论：结构重参数化（structural re-parameterization）。具体来讲，本书首先抽象出这一概念和范式：神经网络的结构和参数一一对应，如果能将一组参数等价转换为另一组参数，就能将一种结构等价转换为另一种结构。这挑战了人们的固有习惯：训练一个模型，然后用这个模型。而结构重参数化标志着一种新的范式：构造一个模型并训练，然后将其等价转换为另一个模型用于推理和部署。

应用这一方法论，以推理时的单路架构为目标，可以构造出一种特殊的多路架构用于训练。在训练结束后，这种特殊的多路架构可以应用结构重参数化等价转换为推理时的单路架构，从而使模型既具有多路模型的高精度，又具有单路模型的高效率。事实证明，本书提出的以结构重参数化为核心的 VGG 式极简模型（RepVGG）取得了超过复杂架构的性能。

这一部分工作已经发表于 CVPR-2021[66]，代码和模型开源在 https://github.com/DingXiaoH/RepVGG。

1.3.2 新式通用组件

新式通用组件研究的目的在于设计一种基本组件，将其插入到现有的架构中或替代现有的组件，可以改变网络的结构或训练过程，从而实

① 人的认识不是直线，而是无限地近似于一串圆圈、近似于螺旋式的曲线。——列宁《列宁全集》第 38 卷，411 页

现性能提升。前述 SE 模块[34]、CondConv[35] 等新式组件虽然可以在一定程度上提高模型的精度，但从效率指标考虑，也增加了原模型的推理开销。

首先，本书寻求一种能够普遍提升卷积神经网络精度而不改变原架构、不引入任何推理开销的方法，即“无痛涨点”。为了一般性和通用性，本书聚焦于卷积神经网络的最基础、最常用的组件——卷积层。通过一系列实证研究，本书发现一个卷积神经网络的普遍规律和内在性质：训练后的卷积核中不同空间位置的参数具有不同的重要性。以 3×3 卷积核为例，其每个滤波器的每一个通道是一个 3×3 矩阵。这个矩阵中间“骨架”（十字形）位置 5 个参数的重要性显著高于角落的 4 个参数。也就是说，骨架位置的卷积核参数对模型的性能更为重要，故模型在优化过程中自发地增强了这个部分。

既然骨架位置更为重要，那么如果针对性地强化这个部分，是不是能够进一步提升卷积层的表征能力？以此为出发点，本书提出使用非对称卷积（如 1×3 和 3×1 卷积）来增强常规卷积（如 3×3 卷积），构成一个非对称卷积模块（asymmetric convolution block，ACB）来替换常规的卷积层。实验证明，这样的模块可以在多种架构上取得稳定、可观的精度提升。而且在训练结束后，每一个非对称卷积模块可以等价转换为一个普通的卷积层并保持精度不变，使模型既具有大模型的精度，又具有普通小模型的存储和计算开销。从这个视角来看，非对称卷积模块也可以看成是结构重参数化方法论的一种成功应用。不同于 RepVGG 的只针对特定架构的结构重参数化实现形式，非对称卷积模块可以在一般的架构上取得稳定、可观的性能提升。

除了实用价值以外，非对称卷积模块代表了一种“训大用小”的模型训练和部署方法论，克服了训练时需要模型充分挖掘数据的本质特征（需要大模型）和部署时平台性能受限（需要小模型）两方面的固有矛盾。视觉模型的一般应用场景是在具有强大算力的计算机上训练模型，并将模型部署到众多前端推理设备上。在一般情况下，用户最在意的是推理设备上的精度和效率的平衡，而不是训练开销。也就是说，用户希望保持推理端模型的运行开销不变，仅仅付出额外的训练代价就能提高模型的性能。

上述工作已经发表于 ICCV-2019[67]，代码开源在 https://github.com/

DingXiaoH/ACNet。

而后，本书从组件层面重新思考了现代卷积神经网络的一个重要设计维度——卷积层的卷积核尺寸。自 VGGNet [9] 以来，卷积神经网络中大量应用 3×3 卷积 [9-11,24-25,27,32]，只有 AlexNet [8]、Inception 系列 [20-22] 等少数早期模型才在主体部分使用较大的卷积核尺寸。此外，最近卷积神经网络的地位受到了视觉 Transformer 的挑战 [68-71]，其一个显著优点在于能够建模长程依赖 [72-73]。考虑到这一点，本书提出在卷积神经网络中用大卷积核建立长程依赖。

然而，大卷积核设计长期无人问津，业界并不清楚大卷积核特别是本文所用的超大卷积核（31×31）应该如何用才好。为了填补业界关于大卷积核设计的知识空白，本书进行了一系列探索性实验，归纳出五条应用大卷积核的准则，并依据这些准则设计了一种重参数化大卷积模块（re-parameterized large kernel block，RepLKB）。这一模块由大卷积核、用于重参数化的小卷积核、短路链接、1×1 卷积等组成。大量应用 RepLKB 的模型 RepLKNet 在图像分类、语义分割、目标检测任务上均取得了媲美视觉 Transformer 的性能。

上述工作已经被 CVPR-2022 接收 [74]，代码和模型开源在 https://github.com/DingXiaoH/RepLKNet-pytorch。

1.3.3 通道剪枝方法

如前所述，主流通道剪枝方法的一个显著缺陷是剪枝重构操作会明显降低模型的精度，而微调很难完全补偿这种精度损失。为了消除剪枝重构造成的精度损失，从而彻底抛弃微调步骤和大幅提升最终产出模型的精度，本书提出两种剪枝方法。

首先，本书从优化算法的视角出发，提出一种基于特殊更新规则的通用剪枝方法，称为向心随机梯度下降（centripetal stochastic gradient descent，centripetal SGD）。这一方法可以将多个滤波器变得完全相同，也就是说，使其参数张量在参数超空间中逐渐变成一个重合的点。当两个滤波器的参数张量完全重合时，只要移除其中的一个并对模型进行恰当的后处理，就不会造成任何精度损失，因而完全不需要微调过程。这一方法的一个显著优点在于其效率很高：这种特殊的更新规则只需要在常规的 SGD 更新过程中增加少量矩阵乘法，额外计算开销可以忽略不计。除了精度高以外，这一方法的另一个突出优点在于其可以解决结构复杂的卷积神经网络上的受约束剪枝问题。

上述工作已经发表于 CVPR-2019[75]，代码和模型开源在 https://github.com/DingXiaoH/Centripetal-SGD。

而后，作为结构重参数化方法论的另一个成功应用，本书亦从结构变换的视角出发，提出了一种基于结构解耦思想的通用剪枝方法。这一方法有两个关键技术——梯度重置（gradient resetting）和卷积重参数化（convolutional re-parameterization），故称为 ResRep。ResRep 的提出受到神经科学研究的启发：相关研究表明，人脑中的记忆和遗忘是两个相对独立的过程，分别由两套相对独立的机制控制。受此启发，这一方法首先将原卷积神经网络等效变换为两个部分，各自负责“记忆”（保持模型精度不降低）和“遗忘”（剪掉某些通道），并对前者进行常规的训练，对后者进行一种特殊的训练以移除其某些通道。训练结束后，应用结构重参数化方法论，两部分可以等效合并为原模型的整体架构，但是其宽度将会等于“遗忘”部分的宽度。也就是说，剪掉“遗忘”部分的某些通道等价于剪掉最终模型的某些通道。事实证明，通过这种结构变换和解耦的方法进行剪枝得到的模型大大优于使用其他剪枝方法得到的模型，且实现简单，完全不需要微调。

上述工作已经发表于 ICCV-2021[76]，代码开源在 https://github.com/DingXiaoH/ResRep。

1.4 符号系统

本节规定本书使用的数学符号系统。在本书中，为保持与大多数深度学习文献及 PyTorch、Tensorflow 等代码实现一致，矩阵的索引按照行优先的顺序。例如，$\boldsymbol{X}_{i,:}$ 代表其第 i 行，$\boldsymbol{X}_{:,j}$ 代表其第 j 列。张量的索引也采用类似的表示形式。

对于卷积层，本书用 C 和 D 分别表示其输入和输出通道数量，K 表示卷积核尺寸。为方便起见，本书使用的格式与 PyTorch 的规定一致：卷积核的参数是一个四阶张量，记作 $\boldsymbol{W} \in \mathbb{R}^{D\times C\times K\times K}$。用 N 表示批尺寸（batch size），H 和 W 表示特征图的高度和宽度，记这一卷积层的输入为 $\boldsymbol{I} \in \mathbb{R}^{N \times C \times H \times W}$，输出为 $\boldsymbol{O} \in \mathbb{R}^{N \times D \times H' \times W'}$。用 $\circledast$ 表示卷积算子，则有

$$\boldsymbol{O} = \boldsymbol{I} \circledast \boldsymbol{W} \tag{1.1}$$

卷积层的每个输出通道对应一个滤波器，其参数为一个三阶张量。"某卷积层的第 j 个输出通道"与"某卷积层的第 j 个滤波器"是同义的。

若卷积层带有偏置项，记作 $\boldsymbol{b} \in \mathbb{R}^D$。在表示偏置项（$D$ 维向量）和特征图（四阶张量）的相加时，为严格起见，引入一个函数 $\boldsymbol{B}$，表示将向量"广播"（broadcast）为同样形状张量的操作。这样，带偏置项的卷积层可以表示为

$$\boldsymbol{O} = \boldsymbol{I} \circledast \boldsymbol{W} + \boldsymbol{B}(\boldsymbol{b}) \tag{1.2}$$

也就是说，式 (1.2) 中的 $\boldsymbol{B}(\boldsymbol{b})$ 表示将 $\boldsymbol{b}$ 重复（replicate）$N \times H' \times W'$ 次得到的形状为 $N \times D \times H' \times W'$ 的张量。

对于批归一化[23]（batch normalization，BN）层，本文用 μ、σ、γ、$\beta \in \mathbb{R}^D$ 分别表示其统计得到均值、标准差和学到的缩放因子及偏置项。BN 层进行的运算用函数 bn 表示。推理时，令 j 表示任一通道（从 1 开始），bn 可以表示为

$$\mathrm{bn}(\boldsymbol{O}, \mu, \sigma, \gamma, \beta)_{:,j,:,:} = (\boldsymbol{O}_{:,j,:,:} - \mu_j)\frac{\gamma_j}{\sigma_j} + \beta_j\,, \quad \forall 1 \leqslant j \leqslant D \tag{1.3}$$

BN 层一般放置于卷积层之后，且在这种情况下卷积层一般不带偏置项。为简单起见，可以将卷积层及其后的 BN 看作一个整体。在推理时，卷积和 BN 层进行的归一化运算可表示为

$$\boldsymbol{O}_{:,j,:,:} = ((\boldsymbol{I} \circledast \boldsymbol{W})_{:,j,:,:} - \mu_j)\frac{\gamma_j}{\sigma_j} + \beta_j\,, \quad \forall 1 \leqslant j \leqslant D \tag{1.4}$$

1.5　本书的组织结构

本书以一般地、普遍地提升卷积神经网络的精度—速度平衡为目标，分基本架构设计、新式通用组件和模型压缩方法三个方向展开。第 1 章为绪论，对卷积神经网络和主干模型等关键概念进行介绍，分析为什么

对卷积神经网络的提升可以普遍提升多种视觉任务的性能，综述业界相关领域研究现状，概括本书的研究内容，归纳本书的主要贡献，约定本书使用的数学符号系统。第 2 章提出了 RepVGG——一种极简的单路径基本架构并首次提出了结构重参数化方法论，通过实验验证了其在图像分类和语义分割等任务上的性能。第 3 章提出了非对称卷积模块——一种不引入任何推理开销的通用基本组件，证明其可以在多种模型上普遍地、可观地提升精度。第 4 章提出了重参数化大卷积核模块，其在多个任务上取得了媲美视觉 Transformer 的性能。第 5 章提出了向心随机梯度下降——一种基于优化算法的通用剪枝方法，讨论了深层复杂模型的受约束剪枝问题并给出了基于这一方法的解决方案。第 6 章将结构重参数化方法论用于通道剪枝，提出了 ResRep——一种基于结构变换的高性能剪枝方法，该方法取得了业内最优的效果。第 7 章首先回顾和总结本书的主要研究内容，然后指出可以深入研究和拓展的方向，并展望未来可以继续进行的研究工作。

第 2 章　基于结构重参数化的极简架构

2.1　本 章 引 言

虽然众多复杂卷积神经网络架构比简单架构精度更高，这些复杂架构也有显著的缺点：一方面，多分支设计（如 Inception 中的并行分支结构和 EfficientNet[11] 的复杂结构）使模型难以实现，降低了在 GPU 等高吞吐量设备上的并行度[28]，又增加了内存占用；另一方面，一些组件增加了访存开销，拖慢了推理速度，而且在一些特制推理设备上可能因为缺乏硬件支持而无法实现，例如 XCeption[33]、MobileNet[25-26] 中的逐通道（depth-wise）卷积和 ShuffleNet[27-28] 中的通道混洗。由于并行度、访存开销等因素都能影响实际推理速度，理论浮点运算量的大小并不能准确反映实际速度，所以尽管一些新式复杂模型的 FLOPs 低于 VGGNet 和 ResNet-18/34[10] 等模型，其实际速度反而可能较慢，详见后文表 2.4。

本章提出了 RepVGG，一种 VGGNet 式的单路极简架构。尽管结构简单，RepVGG 却能在精度和效率的平衡上超过很多复杂模型，如图 2.1 所示。RepVGG 的主要特点如下：

（1）RepVGG 的拓扑为单路径，与 VGGNet 相似。也就是说，每一层仅以其前一层的输出为输入。

（2）RepVGG 的主体部分仅由 3×3 卷积构成，激活函数仅使用线性整流函数（rectified linear unit，ReLU），且整体设计非常简单：将若干个 3×3 卷积堆叠起来并分成 5 个阶段，每个阶段的第一个卷积层的步长（stride）为 2 从而实现下采样。

（3）RepVGG 的具体架构的规格定义（包括深度和每一层的宽度），即架构超参，只需要简单设定即可取得令人满意的效果，不依赖于代价高昂的架构搜索[77]、人工调参[32]、复合缩放技术[11]或任何耗费人力的复杂设计。

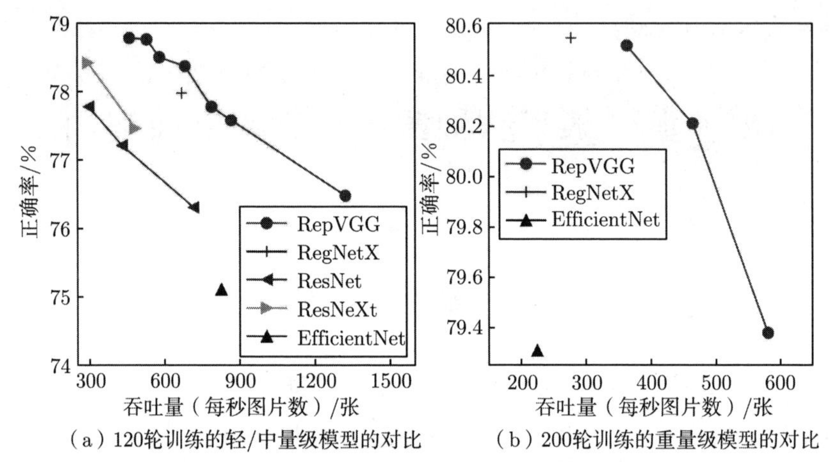

（a）120轮训练的轻/中量级模型的对比　（b）200轮训练的重量级模型的对比

图 2.1 RepVGG 与其他架构的 ImageNet 正确率和 1080Ti GPU 上的吞吐量对比

显然，如果不采用特殊技术的话，这样的极简架构难以达到与主流多路架构相当的精度。对于多路架构的高精度的一种解释是分支结构（如 ResNet）使模型成为了一个由大量子模型组成的隐式集合[78]（ensemble），因此提高了其表征能力，也可以避免梯度消失问题。

本章通过一种全新的思路解决了单路架构精度差的难题：既然多路架构的优点都是训练时的优点，缺陷都是推理时的缺陷，那么，如果能够将训练时的架构和推理时的架构解耦，就能既享有训练时的优点（精度高），又避免推理时的缺陷（效率差）。

为实现这一目的，本章提出了一种名为“结构重参数化”的方法论，通过参数的等价转换将训练时的多路架构等价转换为推理时的单路架构。具体来说，神经网络的一个结构是与一组参数耦合的，例如一个卷积层对应一个四阶参数张量。如果一个神经网络架构中的某个子结构对应的一组参数可以等价转换为另一组参数，而后者与另一个子结构相对应，那么就可以实现这一子结构从前者到后者的等价转换，从而改变整个架构而保持其输出不变。

显然，以推理时的单路架构为目标，需要找到一种适当的训练时的架构设计，这种架构既要能训练出较高的精度，又要能等价转换为推理时的单路架构。受 ResNet 用短路链接（shortcut）构造残差结构的启发，本书也使用短路链接构造训练时的 RepVGG。ResNet 中的短路链接的具体形式包括恒等映射（identity mapping）和 1×1 卷积，每个短路链接跨 2~3 层。如图 2.2 所示，RepVGG 的不同点在于对每个 3×3 卷积都用恒等映射和 1×1 卷积构造不跨层的短路链接，这样就使得这些短路链接可以通过结构重参数化而去除，故最终模型可以转换成 VGGNet 式的单路架构。

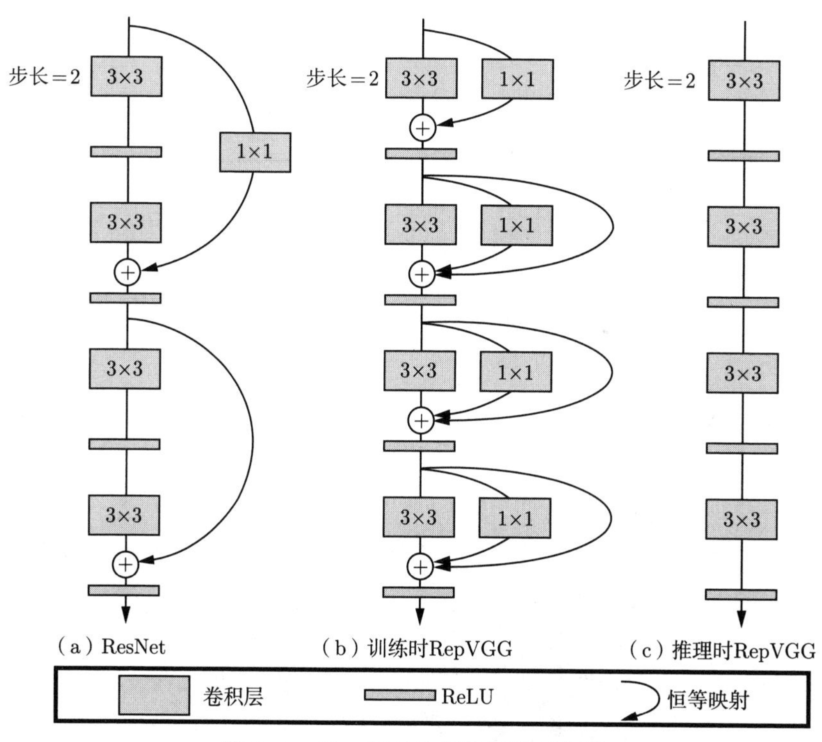

图 2.2　RepVGG 架构局部示意图

这种结构重参数化的具体方法将在 2.3 节介绍，本节只简述基本原理：由于卷积的线性，三个并行的 3×3 卷积可以等价合并为一个 3×3 卷积；恒等映射可以看作一个特殊的（以单位矩阵为卷积核的）1×1 卷积，而 1×1 卷积又可以看成一个特殊的（卷积核边缘为 0 的）3×3 卷积，因而三个分支都可以看作 3×3 卷积，所以可以等价合并成一个 3×3 卷积。

尤为值得注意的是，推理时的 RepVGG 的主体只有一种类型的算子：

以 ReLU 为激活函数的 3×3 卷积。这一性质不但使得 RepVGG 在 GPU 等通用计算设备上效率出众，更大大方便了专用推理芯片的设计。这是因为考虑到芯片尺寸和功耗，一个模型需要的算子类型越少，可以集成到芯片上的同种计算单元就越多。因此，专门使用 RepVGG 的推理芯片可以集成海量的 3×3 卷积—ReLU 计算单元以实现更高的效率。

本章的贡献总结如下：

（1）提出结构重参数化——一种通过参数的等价转换实现结构的等价转换从而解耦模型训练时和推理时结构的方法论。

（2）提出 RepVGG——一种具有业界先进水平的精度—速度平衡的极简的单路基本架构，并展示了 RepVGG 在图像分类和语义分割上的有效性、高效性和实现的简单性。

2.2 相关工作

2.2.1 单路架构的训练方法

学术界有一些研究工作试图训练单路架构，但是其出发点主要是为了使非常深的单路模型收敛于较为合理的精度，即“能训得出来”，无法达到比复杂模型更好的性能。因此，这些方法和得到的模型既不简单，也不实用。例如，一项早期工作[79] 提出了一种基于平均场理论的初始化方法来训练极深的单路模型，使超过一万层模型在 MNIST 和 CIFAR-10 数据集上的精度分别超过 99%和 82%。考虑到即便简单如 LeNet-5[80] 的模型也能在 MNIST 上达到 99.3%的正确率，VGG-16[9] 在 CIFAR-10 上的正确率可以达到 93%，上述超过一万层的模型虽然不具备实用价值，但具备相当的理论价值。最近的一项工作[81] 表明，通过结合几种技术，包括 Leaky ReLU 激活函数、最大归一化和一种特殊的初始化方法，在 ImageNet 上一个具有 147M 参数的单路模型可以达到 74.6%的正确率，但仍比其报告的作为基线的多路模型（ResNet-101，正确率为 76.6%，45M 参数）低 2%。

值得注意的是，本书不仅仅证明了单路模型可以“训得出来”，更表明了单路模型可以达到超过复杂模型的性能。

2.2.2　重参数化

DiracNet[82] 是一种与结构重参数化相关的重参数化方法。这一方法将卷积核表示为数个可训练参数的运算结果，从而为单路模型实现更好的优化效果。与体量相当的 ResNet 相比，DiracNet 的 CIFAR-100 正确率低 2.29%，ImageNet 正确率低 0.62%。

值得注意的是，DiracNet 的重参数化方法与本章提出的结构重参数化方法的差别显著。首先，训练时的 RepVGG 是一个多路模型，而 DiracNet 是一个单路模型，后者仅使用了原参数（这里指的是卷积核参数）的另一种数学表达式以便优化，这正是“重参数化”的传统含义，也是一般的重参数化和本文提出的结构重参数化的本质区别。其次，DiracNet 的性能高于普通单路模型，但低于体量相当的 ResNet，而 RepVGG 模型的性能大大优于 ResNet。

2.2.3　Winograd 卷积算法

RepVGG 只使用 3×3 卷积，是因为 3×3 卷积可以得到主流计算框架的高度支持和优化，例如 GPU 上的 NVIDIA cuDNN[83] 和 CPU 上的 Intel MKL[84]。表 2.1 显示了不同尺寸的卷积核的理论 FLOPs、实际测试得到的运算时间和计算密度①。结果表明，3×3 卷积的计算密度约为其他几种卷积的 4 倍。

表 2.1　不同卷积核尺寸的速度测试结果

卷积核尺寸	理论 FLOPs/B	运算时间/ms	计算密度/（TFLOPs/秒）
1×1	420.9	84.5	9.96
3×3	3788.1	198.8	38.10
5×5	10522.6	2092.5	10.57
7×7	20624.4	4394.3	9.38

Winograd 卷积算法[85] 是一种用于加速步长为 1 的 3×3 卷积的

① 测试的批尺寸为 32，输入和输出通道均为 2048，分辨率为 56×56，步长为 1，硬件为同一个 NVIDIA 1080Ti GPU，表中的结果为预热硬件后 10 次测试的平均值。计算密度的单位是每秒浮点运算量。在计算理论 FLOPs 时，一般将一次乘加视为一次运算，但 NVIDIA 等硬件供应商在报告计算密度时却通常将其视为两次运算，所以这里计算密度等于两倍的 FLOPs 和计算时间的比值。

经典算法，已被集成到了 cuDNN 和 MKL 等库中。例如，使用标准的 $F(2\times2,3\times3)$ Winograd 时，3×3 卷积的乘法运算量减少到原来的 $\frac{4}{9}$。由于乘法比加法耗时多得多，可以用乘法运算量来衡量在 Winograd 算法支持下的实际运算开销，详见后文表 2.4 和表 2.5 中的 Wino MULs 一列所示。需要注意的是，每个卷积算子是否启用 Winograd 算法是由实际的运算库和硬件环境决定的，因为小规模的卷积可能由于访存开销的增加而无法得到 Winograd 算法的加速。本书报告的 Winograd 乘法运算量是在 cuDNN 7.5.0、1080Ti 环境下逐个算子手动测试的。

2.3 结构重参数化

本章所提出的结构重参数化的含义如下。神经网络中的一个结构是与一组参数对应的，例如一个卷积层的主要参数是其卷积核，构成一个四阶张量（参见 1.4 节介绍的符号系统）。所以，如果一个结构所对应的一组参数可以通过一系列代数变换而得到另一组参数，那么这个结构就可以替换为后者所对应的那个结构，如图 2.3 所示。进一步，如果上述的代数变换是等价的，那么这种结构替换就是等价的，也就是说，在模型中的这一结构替换不会改变模型的输出。

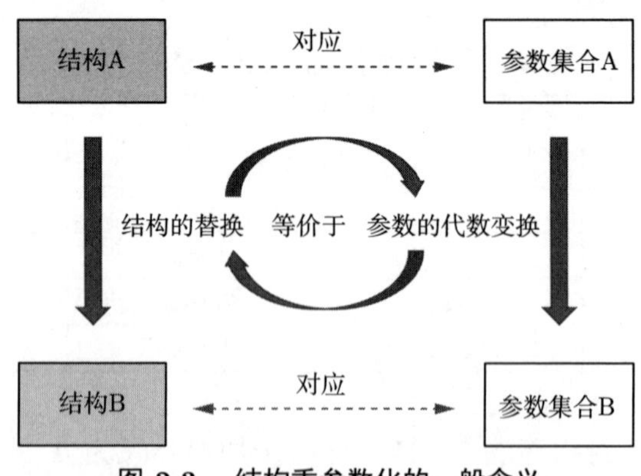

图 2.3 结构重参数化的一般含义

本节以 RepVGG 从训练时结构到推理时结构的等价转换作为示例，详述结构重参数化的实现方式和常用技巧。

如 2.1节所述，RepVGG 架构是由若干个基本单元堆叠得到的，每个单元均由（本章中称为 RepVGG 单元）3×3 卷积和并行的短路链接构成。在输入和输出特征图尺寸相同的情况下，短路链接包括两条路径，分别是 1×1 卷积和恒等映射。若输出尺寸不等于输入（即卷积的步长大于 1 或输出通道不等于输入通道数量），则短路链接只有 1×1 卷积。需要注意的是，1×1 和 3×3 卷积的步长必须相等，前者的边缘填充（padding）为 0，后者为 1。为了动态平衡各个支路的特征图的相对大小，每个支路均包含批归一化[23] 层，各支路的输出分别经过 BN 后相加，作为整个单元的输出，如图 2.4（a）所示。

沿用 1.4节介绍的符号系统，设某一单元的输入通道为 C，输出通道为 D，将其 3×3 卷积核表示为 $\boldsymbol{W}^{(3)} \in \mathbb{R}^{D\times C\times 3\times 3}$，1×1 卷积核表示为 $\boldsymbol{W}^{(1)} \in \mathbb{R}^{D\times C\times 1\times 1}$。

对于 BN 层，用 $\mu^{(3)},\sigma^{(3)},\gamma^{(3)},\beta^{(3)}$ 表示 3×3 卷积后的 BN 层的均值、标准差、缩放因子和偏置项，1×1 卷积后的 BN 层的参数用 $\mu^{(1)},\sigma^{(1)},\gamma^{(1)}$，$\beta^{(1)}$ 表示，恒等映射分支中的 BN 层参数用 $\mu^{(0)},\sigma^{(0)},\gamma^{(0)},\beta^{(0)}$ 表示。BN 层进行的运算用函数 bn 表示。推理时，整个单元（假设其包含恒等映射分支）的运算可以表示为

$$\begin{aligned}\boldsymbol{O} = &\operatorname{bn}(\boldsymbol{I} \circledast \boldsymbol{W}^{(3)},\mu^{(3)},\sigma^{(3)},\gamma^{(3)},\beta^{(3)})+\\ &\operatorname{bn}(\boldsymbol{I} \circledast \boldsymbol{W}^{(1)},\mu^{(1)},\sigma^{(1)},\gamma^{(1)},\beta^{(1)})+\\ &\operatorname{bn}(\boldsymbol{I},\mu^{(0)},\sigma^{(0)},\gamma^{(0)},\beta^{(0)})\end{aligned} \tag{2.1}$$

接下来介绍如何将上述整个单元等价转换为一个 3×3 卷积层。首先需要将每个 BN 层和其前面的卷积层转换为一个带偏置项的卷积层。由于推理时 BN 层只进行线性操作，其参数可以等价融合到卷积核中去，得到一个新的卷积核和偏置项。令 $\boldsymbol{W}'$ 和 $\boldsymbol{b}'$ 分别表示融合后的卷积核和偏置项，不难看出，对每一通道 j，只要构造

$$\boldsymbol{W}'_{j,:,:,:} = \frac{\gamma_j}{\sigma_j}\boldsymbol{W}_{j,:,:,:} \tag{2.2}$$

$$\boldsymbol{b}'_j = -\frac{\mu_j\gamma_j}{\sigma_j} + \beta_j \tag{2.3}$$

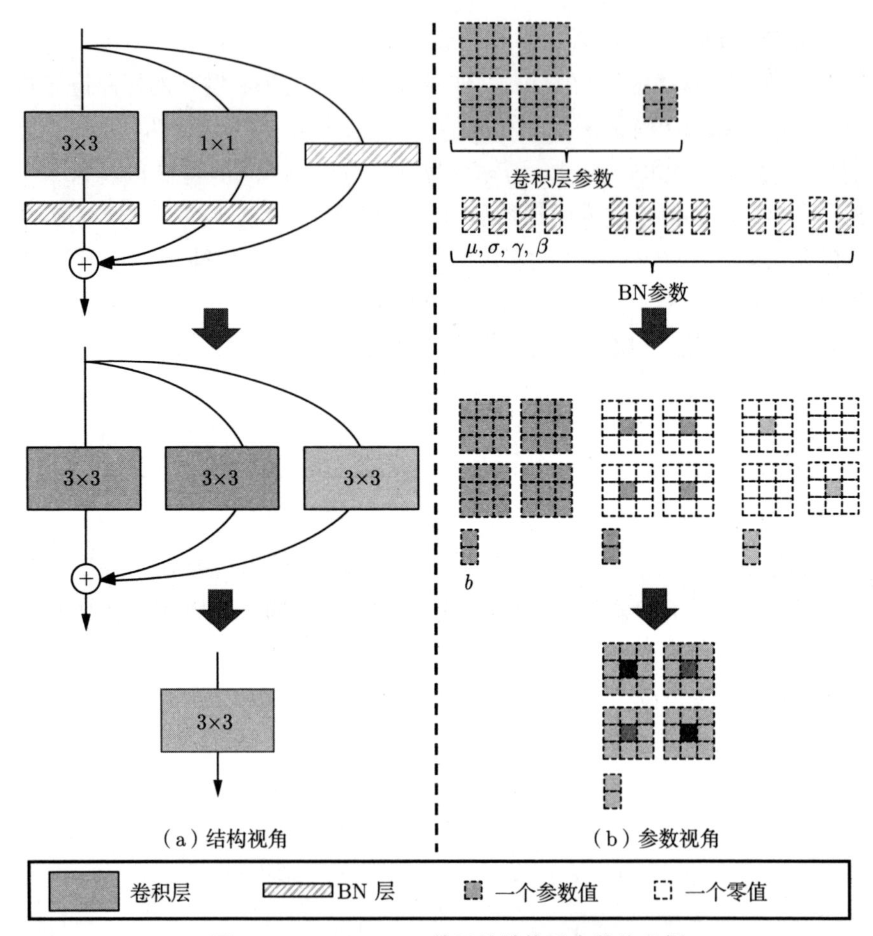

图 2.4 RepVGG 单元的结构重参数化示例

在本例中，为可视化方便，设 $D = C = 2$，则 3×3 卷积核形状为 $(2,2,3,3)$，在图中表示为 4 个 3×3 矩阵；1×1 卷积核形状为 $(2,2,1,1)$，在图中表示为 2×2 矩阵。

BN 层的参数为长度为 2 的向量。

由式 (1.2) 和式 (1.3)，根据卷积的齐次性，不难验证以下恒等式成立：对任一通道 j，推理时均有

$$((\boldsymbol{I} \circledast \boldsymbol{W})_{:,j,:,:} - \mu_j)\frac{\gamma_j}{\sigma_j} + \beta_j = (\boldsymbol{I} \circledast \boldsymbol{W}' + \mathrm{B}(\boldsymbol{b}'))_{:,j,:,:} \tag{2.4}$$

也就是说，对于相同的输入，转换前的卷积—BN 结构和转换后的带偏置项的卷积层必然产生相同的输出，因而转换是等价的。

需要注意的是，上述转换不只适用于卷积—BN 分支，也适用于恒等

映射分支（即单个 BN 层）。这是因为恒等映射（$\boldsymbol{O}=\boldsymbol{I}$）可以看作以单位矩阵为卷积核进行的卷积。也就是说，当 $D=C$ 时，只要构造一个 1×1 卷积的卷积核 $\boldsymbol{W}^{(0)}\in\mathbb{R}^{D\times D\times 1\times 1}$，使其满足

$$\boldsymbol{W}_{j,i,1,1}^{(0)}=\begin{cases}1, & j=i\\ 0, & \text{其他}\end{cases}\tag{2.5}$$

则对任意 $\boldsymbol{I}$ 均满足

$$\boldsymbol{I}\circledast\boldsymbol{W}^{(0)}=\boldsymbol{I}\tag{2.6}$$

通过这种构造方式，恒等映射分支就可以等价转换为 1×1 卷积—BN 分支，进而等价转换为一个带偏置项的卷积层。

完成以上步骤后，整个 RepVGG 单元就被转换成了一个 3×3 卷积层和两个 1×1 卷积层。接下来，首先将两个 1×1 卷积分别等价转换为 3×3 卷积，只要将 1×1 卷积核用 0 值填充为 3×3 即可（如图 2.4（b）所示）。用 $\boldsymbol{W}^{(1)\prime}\in\mathbb{R}^{D\times C\times 3\times 3}$ 表示填充 $\boldsymbol{W}^{(1)}$ 得到的卷积核，显然

$$\boldsymbol{W}_{j,i,p,q}^{(1)\prime}=\begin{cases}\boldsymbol{W}_{j,i,1,1}^{(1)}, & p=q=2\\ 0, & \text{其他}\end{cases}\tag{2.7}$$

然后，根据卷积的可加性，将三个 3×3 卷积核相加即可得到最终的卷积核 $\hat{\boldsymbol{W}}$，将三个偏置项相加即可得到最终的偏置项 $\hat{\boldsymbol{b}}$。综上可得

$$\hat{\boldsymbol{W}}_{j,i,p,q}=\begin{cases}\dfrac{\boldsymbol{\gamma}_j^{(3)}}{\boldsymbol{\sigma}_j^{(3)}}\boldsymbol{W}_{j,i,p,q}^{(3)}+\dfrac{\boldsymbol{\gamma}_j^{(1)}}{\boldsymbol{\sigma}_j^{(1)}}\boldsymbol{W}_{j,i,1,1}^{(1)}+\dfrac{\boldsymbol{\gamma}_j^{(0)}}{\boldsymbol{\sigma}_j^{(0)}}, & j=i,\ p=q=2\\ \dfrac{\boldsymbol{\gamma}_j^{(3)}}{\boldsymbol{\sigma}_j^{(3)}}\boldsymbol{W}_{j,i,p,q}^{(3)}+\dfrac{\boldsymbol{\gamma}_j^{(1)}}{\boldsymbol{\sigma}_j^{(1)}}\boldsymbol{W}_{j,i,1,1}^{(1)}, & j\neq i,\ p=q=2\\ \dfrac{\boldsymbol{\gamma}_j^{(3)}}{\boldsymbol{\sigma}_j^{(3)}}\boldsymbol{W}_{j,i,p,q}^{(3)}, & \text{其他}\end{cases}\tag{2.8}$$

$$\hat{\boldsymbol{b}}_j=-\frac{\mu_j^{(3)}\gamma_j^{(3)}}{\sigma_j^{(3)}}+\beta_j^{(3)}-\frac{\mu_j^{(1)}\gamma_j^{(1)}}{\sigma_j^{(1)}}+\beta_j^{(1)}-\frac{\mu_j^{(0)}\gamma_j^{(0)}}{\sigma_j^{(0)}}+\beta_j^{(0)}\tag{2.9}$$

只要按照式 (2.8) 和式 (2.9) 构造 $\hat{\boldsymbol{W}}$，$\hat{\boldsymbol{b}}$，则不难验证以下恒等式成立：

$$
\begin{aligned}
\boldsymbol{I} \circledast \hat{\boldsymbol{W}} + \mathrm{B}(\hat{\boldsymbol{b}}) = &\ \mathrm{bn}(\boldsymbol{I} \circledast \boldsymbol{W}^{(3)}, \mu^{(3)}, \sigma^{(3)}, \gamma^{(3)}, \beta^{(3)})+ \\
&\ \mathrm{bn}(\boldsymbol{I} \circledast \boldsymbol{W}^{(1)}, \mu^{(1)}, \sigma^{(1)}, \gamma^{(1)}, \beta^{(1)})+ \\
&\ \mathrm{bn}(\boldsymbol{I}, \mu^{(0)}, \sigma^{(0)}, \gamma^{(0)}, \beta^{(0)})
\end{aligned} \tag{2.10}
$$

由此，可以证明推理时所进行的这一系列参数转换（从 $\{\boldsymbol{W}^{(3)}, \mu^{(3)}, \sigma^{(3)}, \gamma^{(3)}, \beta^{(3)}, \boldsymbol{W}^{(1)}, \mu^{(1)}, \sigma^{(1)}, \gamma^{(1)}, \beta^{(1)}, \mu^{(0)}, \sigma^{(0)}, \gamma^{(0)}, \beta^{(0)}\}$ 到 $\{\hat{\boldsymbol{W}}, \hat{\boldsymbol{b}}\}$）是等价的，因而这样的参数转换所对应的结构转换（从三个分支到一个 3×3 卷积层）是等价的。

从 RepVGG 的例子不难看出结构重参数化方法论的关键：通过一系列等价代数变换将一组参数转换为另一组参数，从而将一个结构等价替换为另一个结构。

2.4 RepVGG：基于结构重参数化的极简架构

2.4.1 效率分析

本节分析单路架构以展示其高效性。

单路架构吞吐量高。虽然多种复杂架构的理论 FLOPs 低于 VGGNet，但实际运行速度不一定更快。如 2.5.1 节的表 2.4 所示，VGG-16 与 EfficientNet-B3[11] 相比，前者的 FLOPs 是后者的 8.4 倍，但在 1080Ti GPU 上的推理速度是后者的 1.8 倍，这意味着前者的计算密度是后者的 15 倍。除了 Winograd 卷积算法带来的加速外，访存开销和并行度[28] 也会显著影响特定设备上的推理速度，而这些因素并不会体现在 FLOPs 上，所以模型的 FLOPs 不一定能准确反映其在特定设备上的速度。以 GPU 为例，在 FLOPs 相当的前提下，具有高并行度的模型的速度可能远高于另一个低并行度的模型。一项工作[28] 报告称，NASNET-A[86] 中的“片断操作符数量”（即一个单元中的卷积或池化操作数）为 13，这不仅会限制 GPU 等具有强大并行计算能力的设备的性能，还会带来额外的开销（比如 GPU 同步的开销）。相比之下，ResNet 的片断操作符数量是 2 或 3，而 RepVGG 的这一数字仅是 1，也就是仅仅一个卷积。

单路架构内存利用率高。多路架构的内存利用率较低，因为每一分支的中间结果都需要保留在内存或显存中，直到各分支聚合（如相加）后才能释放。如图 2.5 所示，以 ResNet 为例，一个残差块的输入需要留在内存中直到完成与其输出的相加。与之相比，单路架构的内存利用率更高，因为每一层的输入占用的内存在计算完成后就可以释放掉了。在设计专用硬件时，单路架构为访存的进一步优化提供了可能，而且因为需要的内存单元更少，开发者可以在芯片上集成更多的计算单元，进一步提高其推理速度。

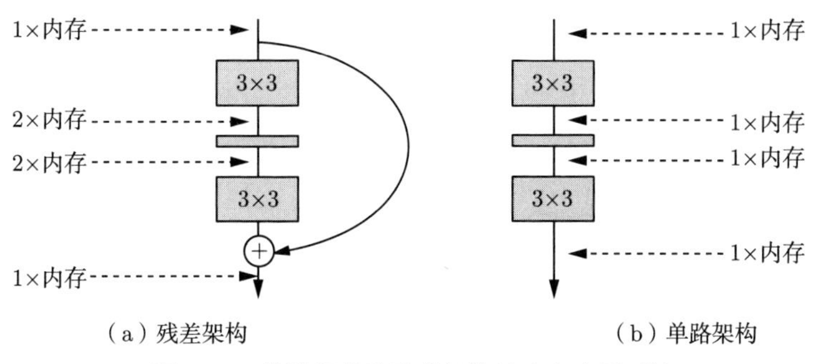

（a）残差架构　　（b）单路架构

图 2.5　单路架构和残差架构的内存占用对比

2.4.2　架构详细定义

本章所说 RepVGG 是“VGG 式”的，它采用单路架构且大量使用 3×3 卷积，但不像 VGGNet 那样使用最大值池化（max pooling），这是希望模型主体部分只有一种算子。这些 3×3 卷积层分为 5 个阶段（stage），每个阶段的第一个卷积层的步长设为 2 以进行下采样。对于图像分类任务，最后一个卷积层后接全局平均池化（global average pooling）和全连接层。对于其他下游任务，其模型的头（head）可以使用 RepVGG 的任何一层输出的特征作为输入。

每个阶段的卷积层数根据三个简单的原则来确定。首先，第一阶段分辨率高，开销较大，所以只安排一层以降低延迟。其次，最后一阶段最宽，所以只安排一层以降低参数量。最重要的是，大多数层都放在倒数第二阶段（即总的下采样倍数为 16 倍的阶段），这一设计类似于 ResNet 及其最新变体[10,31-32]（例如，ResNet-101 在这一阶段用了 69 层）。具体来讲，根据深度的不同，RepVGG 设计有两个版本：RepVGG-A 的 5 个阶段分别有 1、2、4、14、1 层，更深的 RepVGG-B 各有 1、4、6、16、1 层。本章用 RepVGG-A 与其他轻量级和中量级模型对比，包括 ResNet-18/34/50，用 RepVGG-B 与重量级模型对比。

宽度的设定基于 $[64, 128, 256, 512]$ 的常用配置（例如 VGGNet 和 ResNet），只是简单地加以缩放。具体来说，使用缩放因子 a 来缩放前四个阶段，最后一个阶段使用缩放因子 b，且设定 $b > a$，最后一层应该较宽，从而为下游任务提供更丰富的特征。由于 RepVGG 的最后一个阶段只有一层，较大的缩放因子 b 不会显著增加延迟或参数量。也就是说，第 2、3、4、5 阶段的宽度分别为 $[64a, 128a, 256a, 512b]$。为了避免在高分辨率特征图上进行大规模卷积，令第 1 阶段的宽度最大不超过 64，即 $\min(64, 64a)$。

表 2.2 中给出了 RepVGG-A 和 RepVGG-B 的具体规格，包括深度和每一层的宽度。注意该表假定输入分辨率为 224×224，表中 $2 \times 64a$ 表示第 2 阶段有 2 层，每层的宽度是 $64a$。通过改变 a 和 b 的值，即可定义一系列不同量级的模型，如表 2.3 所示。

表 2.2　RepVGG 的深度定义

阶段	输出分辨率	RepVGG-A	RepVGG-B
1	112×112	$1\times\min(64, 64a)$	$1\times\min(64, 64a)$
2	56×56	$2\times64a$	$4\times64a$
3	28×28	$4\times128a$	$6\times128a$
4	14×14	$14\times256a$	$16\times256a$
5	7×7	$1\times512b$	$1\times512b$

表 2.3　RepVGG 的宽度定义

模型名称	各阶段层数	a	b
RepVGG-A0	1, 2, 4, 14, 1	0.75	2.5
RepVGG-A1	1, 2, 4, 14, 1	1	2.5
RepVGG-A2	1, 2, 4, 14, 1	1.5	2.75
RepVGG-B0	1, 4, 6, 16, 1	1	2.5
RepVGG-B1	1, 4, 6, 16, 1	2	4
RepVGG-B2	1, 4, 6, 16, 1	2.5	5
RepVGG-B3	1, 4, 6, 16, 1	3	5

为进一步减少参数和计算量，可以选择将一部分常规卷积层换为分组卷积（group-wise convolution），以精度换取效率。具体来讲，就是将第 3、5、7、9……层卷积的分组数 g 设为大于 1 的值。为了简单起见，如果使用分组卷积，则只将这些分组卷积层的组数设为同一个值，且这一个值只取 2 或 4，不为单个层做调整。不使用相邻的分组卷积的目的是确保通道间的信息交换，否则阻断这种信息交换将产生副作用[27]，即某个通道的输出将仅来自一小部分输入通道。需要注意的是，训练时构造的 1×1 分支的分组数应与 3×3 卷积相同。

2.5　实验分析

本章将 RepVGG 与 ImageNet 上的基线模型进行比较，通过一系列消融实验和比较证明了结构重参数化的重要性，并验证了 RepVGG 在语义分割任务上的泛化性能。

2.5.1　ImageNet 分类实验

本节将 RepVGG 与一系列经典和业界领先的模型进行比较，包括 VGG-16[9]、ResNet[10]、ResNeXt[31]、EfficientNet[11]、RegNet[32] 等。数据集采用 ImageNet-1K[7]，是一个训练集包含 128 万张图、验证集包含 5 万张图的高分辨率数据集。

首先将 RepVGG 与最常见的基线模型 ResNet[10] 进行比较。RepVGG-A0/A1/A2 分别与 ResNet-18/34/50 对标。在更大的量级上，用更深的 RepVGG-B0/B1/B2/B3 进行比较。RepVGG 模型名称后的 g2/g4 后缀表示其中包含交错的分组卷积层且分组数全部为 2 或 4。

下面介绍实验条件的设置。轻量级和中量级模型的训练配置如下：训练轮数（epochs）为 120；只使用简单的数据增强方法，包括随机裁剪和左右翻转；使用 8 个 GPU，每个上的批尺寸为 32；标准随机梯度下降（stochastic gradient descent，SGD）优化器，学习率初始化为 0.1，采用余弦衰减，动量系数（momentum）为 0.9，权值衰减（weight decay）为 10^{-4}。所有基线模型也都采用这一设定以确保对比的公平性。对于包括 RegNetX-12GF、EfficientNet-B3 和 RepVGG-B3 在内的重量级模型，训练轮数为 200，采用系数为 0.1 的标签平滑[21]（label smoothing）和 0.2 的 mixup[87]，以及 Autoaugment[16] 数据扩充方法。测试时，在 1080Ti GPU 上测试批尺寸为 128 时的吞吐量，单位是每秒推理图片数量。为公平比较，所有模型都是在同一 GPU 上测试的，测试前硬件经过预热，且所有基线模型中的卷积—BN 结构也被转换成了带偏置项的卷积。

从表 2.4 和表 2.5 中可见，RepVGG 具有良好的精度和速度：RepVGG-A0 在正确率和吞吐量上分别比 ResNet-18 高 1.25%和 33%，RepVGG-A1 比 ResNet-34 高 0.29%和 64%，RepVGG-A2 比 ResNet-50 高 0.17%和 83%。使用组卷积时（g2、g4），RepVGG 模型得到了进一步加速：RepVGG-B1g4 的正确率和吞吐量比 ResNet-101 高 0.37%和 101%，

表 2.4 RepVGG 和基线模型在 ImageNet 上 120 轮训练结果

模型	正确率/%	吞吐量/（图数/秒）	参数量/M	FLOPs/B	Wino MULs/B
RepVGG-A0	72.41	3256	8.30	1.4	0.7
ResNet-18	71.16	2442	11.68	1.8	1.0
RepVGG-A1	74.46	2339	12.78	2.4	1.3
RepVGG-B0	75.14	1817	14.33	3.1	1.6
ResNet-34	74.17	1419	21.78	3.7	1.8
RepVGG-A2	76.48	1322	25.49	5.1	2.7
RepVGG-B1g4	77.58	868	36.12	7.3	3.9
EfficientNet-B0	75.11	829	5.26	0.4	—
RepVGG-B1g2	77.78	792	41.36	8.8	4.6
ResNet-50	76.31	719	25.53	3.9	2.8
RepVGG-B1	78.37	685	51.82	11.8	5.9
RegNetX-3.2GF	77.98	671	15.26	3.2	2.9
RepVGG-B2g4	78.50	581	55.77	11.3	6.0
ResNeXt-50	77.46	484	24.99	4.2	4.1
RepVGG-B2	78.78	460	80.31	18.4	9.1
ResNet-101	77.21	430	44.49	7.6	5.5
VGG-16	72.21	415	138.35	15.5	6.9
ResNet-152	77.78	297	60.11	11.3	8.1
ResNeXt-101	78.42	295	44.10	8.0	7.9

表 2.5　RepVGG 和基线模型在 ImageNet 上 200 轮训练结果

模型	正确率/%	吞吐量/（图数/秒）	参数量/M	FLOPs/B	Wino MULs/B
RepVGG-B2g4	79.38	581	55.77	11.3	6.0
RepVGG-B3g4	80.21	464	75.62	16.1	8.4
RepVGG-B3	80.52	363	110.96	26.2	12.9
RegNetX-12GF	80.55	277	46.05	12.1	10.9
EfficientNet-B3	79.31	224	12.19	1.8	—

RepVGG-B1g2 的吞吐量是 ResNet-152 的 2.66 倍而精度相同。上述所有 RepVGG 模型的参数量都少于精度相当的 ResNet。与经典的 VGG-16 相比，RepVGG-B2 的参数量只有前者的 58%，运行速度快 10%，正确率高 6.57%。与业界领先的基线模型相比，RepVGG 的性能也相当优越：RepVGG-A2 比 EfficientNet-B0 的精度和吞吐量分别高 1.37%和 59%，RepVGG-B1 比 RegNetX-3.2GF 精度高 0.39%，吞吐量也略高。与 RegNetX-12GF 相比，RepVGG-B3 的吞吐量高 31%。需要强调的是，RepVGG 的架构超参数仅是按照简单自然的原则设定的，不像 RegNet 的超参数是耗费大量人力来优化的。如果耗费一定成本来调整 RepVGG 的深度或宽度，其性能可进一步提升。值得注意的是，RepVGG 在 200 轮训练后的正确率达到 80%以上，这是单路模型第一次达到如此高的水平。

作为计算开销的指标，表 2.4 和表 2.5 中报告了理论 FLOPs 和 Winograd 卷积支持下的乘法运算量（记作 Wino MULs），如 2.2.3 节所述。例如，实验发现 EfficientNet-B0/B3 没有一个算子能得到 Winograd 算法的加速。从表 2.4 和表 2.5 中可见，在 GPU 上，Wino MULs 作为计算开销指标比 FLOPs 更好。例如，ResNet-152 比 VGG-16 的 FLOPs 低，但 Wino MULs 更高，速度也更慢。

2.5.2　消融和对比实验

本节首先通过移除 RepVGG-B0 每个单元的恒等映射分支和/或 1×1 卷积分支来进行消融实验，所有模型均采用前述 120 轮的训练设定。如表 2.6 所示，去掉两个分支后，训练时的模型退化为普通的单路模型，正确率仅为 72.39%。仅使用 1×1 分支可以将正确率提高到 73.15%，仅使用恒等映射分支可以将正确率提高到 74.79%。两种分支都使用的情况下，RepVGG-B0 的正确率提升到 75.14%，比普通单路模型高 2.75%。对训练时的（也就是尚未进行转换的）模型进行与前述测速方法相同的测试，结果表明通过结构重参数化移除两种分支会带来显著的加速。

表 2.6 RepVGG-B0 上的消融实验结果

恒等映射分支	1×1 卷积分支	正确率/%	转换前的吞吐量/（图数/秒）
		72.39	1810
✓		74.79	1569
	✓	73.15	1230
✓	✓	75.14	1061

接下来，为了验证 RepVGG 的各设计元素的必要性并探索其性能提升的原因，采用 RepVGG-B0 作为基准并构造其若干变体：

（1）去除恒等映射分支中的 BN。这一变体将 RepVGG 单元中的恒等映射分支中的 BN 去除。

（2）分支相加后再经过 BN。这一变体将每个 RepVGG 单元中三分支的 BN 都去除，且将三分支相加的和输入 BN 层。也就是说，BN 的位置从相加之前（三个）改为相加之后（一个）。

（3）分支中加 ReLU。这一变体在每个 RepVGG 单元中的三分支中加入 ReLU 激活函数（BN 之后、相加之前）。在这种情况下，由于非线性的存在，这样的 RepVGG 单元就无法转换成一个卷积了，所以没有实际用途。这一变体只是为了验证增加非线性是否可以提高精度。

（4）DiracNet。这一变体不使用任何分支，只是对每个 3×3 卷积核使用与 DiracNet[82] 相同的方式进行参数化。

（5）朴素参数化。这一变体不使用任何分支，只是在每个 3×3 卷积核上加上一个单位卷积核，可以看成 DiracNet 的退化版本。

（6）类 ResNet 式拓扑。这一变体将 RepVGG 的每个阶段的拓扑组织成 ResNet-34 式拓扑，即每两层组成一个残差块。也就是说，第 1 阶段和第 5 阶段各有一个卷积层，第 2、3、4 阶段各有 2、3、8 个残差块。

所有变体均采用与前述相同的训练设定，结果如表 2.7 所示。从这一组结果可以推断，结构重参数化相比于朴素重参数化和 DiracNet 的优越性在于前者依赖于具有非线性行为（训练时的 BN）的多分支结构，而后者仅仅是用另一种数学表达式来定义卷积核，没有引入非线性行为。换句话说，前者的“重参数化”的含义是“使用一个结构的参数来参数化另一个结构”，而后者的意思是“先用另一组参数算出所需要的参数，然后再将算出来的参数用于后续计算”。以上实验提供了支持这一推断的证据：一方面，去除分支中的 BN 会降低正确率；另一方面，在分支中加入 ReLU 则会提高正确率。换句话说，虽然一个 RepVGG 单元可以等效地转换为单个 3×3 卷积层用于推理，但推理时的等效性并不意味着训练时的等效性，因为不可能构造一个卷积层使其具有与一个 RepVGG 单元相同的训练时行为。

表 2.7 RepVGG-B0 及其变体和基线的对比实验结果

变体	正确率/%
原 RepVGG-B0	75.14
去除恒等映射分支中的 BN	74.18
分支相加后再经过 BN	73.52
分支中加 ReLU	75.69
DiracNet[82]	73.97
朴素参数化	73.51
类 ResNet 式拓扑	74.56

与类 ResNet 式拓扑相比，RepVGG 的正确率高 0.58%。这一结果是符合预期的，因为训练时的 RepVGG 的分支数量更多。例如，由于训练时的分支结构的存在，RepVGG 的第 4 阶段可以看成 $2 \times 3^{15} \approx 2.8 \times 10^7$ 个模型的隐式集合[78]，而类 ResNet 式拓扑模型的第 4 阶段的这一数量仅为 $2^8 = 256$。

2.5.3 语义分割实验

本节使用 Cityscapes[88] 数据集来验证 ImageNet 上预训练好的 RepVGG 在语义分割任务上的泛化性能。实验中采用的语义分割方法是 PSPNet[6]，学习率初始化为 0.01，权值衰减为 10^{-4}，在 8 个 GPU 上训练 40 轮，每个 GPU 上的批尺寸为 2。为公平比较，本节只将 PSPNet

中的 ResNet-50/101 主干模型更改为 RepVGG-B1g2/B2，并保持其他设定相同。

考虑到官方的 PSPNet-50/101[6] 在 ResNet-50/101 的最后两个阶段中使用了膨胀卷积（dilated convolution），本节中也将 RepVGG-B1g2/B2 的最后两个阶段中的所有 3×3 普通卷积换为 3×3 膨胀卷积。然而，虽然 3×3 膨胀卷积的 FLOPs 与普通卷积相同，但是当前 3×3 膨胀卷积的低效实现明显减慢了推理速度。为了便于公平对比，本节也实验了另外两个仅在最后 5 层（即第 4 阶段的最后 4 层和第 5 阶段的唯一一层）使用膨胀卷积的 PSPNet（用 fast 后缀表示），以使得其速度略快于 ResNet-50/101 作为主干模型的 PSPNet。

表 2.8 展示的是各个模型在 Cityscapes 验证集上的 mIoU 和吞吐量。吞吐量是在同一个 1080Ti GPU 上以 713×713 的输入分辨率和 16 的批尺寸测试的，度量单位是每秒图片数量。可见，RepVGG 主干模型的 mIoU 分别比 ResNet-50 和 ResNet-101 高 1.71 和 1.01 且速度更快，RepVGG-B1g2-fast 的 mIoU 比 ResNet-101 主干模型高 0.37，速度快 62%。值得注意的是，增加膨胀卷积的数量并不能提高 RepVGG-B1g2-fast 的性能，却把 RepVGG-B2-fast 的 mIoU 提高了 1.05。

表 2.8 RepVGG 和 ResNet 主干模型在 Cityscapes 验证集上的 mIoU 和吞吐量

主干模型	mIoU/%	吞吐量/（图数/秒）
RepVGG-B1g2-fast	78.88	10.9
ResNet-50	77.17	10.4
RepVGG-B1g2	78.70	8.0
RepVGG-B2-fast	79.52	6.9
ResNet-101	78.51	6.7
RepVGG-B2	80.57	4.5

2.6 本章小结

本章提出了一种崭新的方法论——结构重参数化，以解耦模型的训练时和推理时结构。基于结构重参数化，本章提出了一种名为 RepVGG

的高效单路架构。推理时的 RepVGG 仅由 3×3 卷积构成，因而特别适用于 GPU 和特制推理硬件。为了克服这种模型精度低下的弊端，本章应用结构重参数化来训练多路模型并将其等价转换成单路模型。在结构重参数化的作用下，RepVGG 可以在 ImageNet 上达到超过 80%的正确率，展示出了超过业界先进复杂模型的精度和效率。

第 3 章　非对称卷积模块

3.1　本 章 引 言

与算力充足的 GPU 服务器等后端设备相比，前端设备通常算力有限而又需要实时推理，这就要求卷积神经网络在一定的计算资源限制下提高精度。因此，如果只是简单地将模型加大和增加更复杂的结构来提高精度，在前端算力的约束下可能是不可行的。现实的各种视觉应用迫切需要一种在不增加额外的推理延迟、内存占用和能耗的前提下普遍提升卷积神经网络精度的方法。

近年来，在架构层面，卷积神经网络的结构创新包括但不限于以下两个维度：一是改变层与层之间的连接方式，即宏观的拓扑结构，例如从简单堆叠的单路架构[8-9] 到 ResNet[10] 和 DenseNet[24]；二是以更高效的方式结合不同层的输出以提高学到的表征的质量，代表作包括 Inception 等大量运用并行分支的模型[20-23]。考虑到这两点，为了设计一种多架构通用的组件，本章深入研究了一个与上述两个架构设计维度正交的要素——每个卷积层的内在性质，并探索提高卷积层表征能力的方法。

具体来说，本章聚焦于卷积核的参数值与其空间位置之间的关系。以一个 3×3 卷积层为例，其参数张量的每一个通道都是一个 3×3 矩阵，本章称这一矩阵的四个角为“角落”位置，剩余五个值为“骨架”位置，如图 3.1 所示。通过一系列实验可以发现，模型学习到的知识在卷积核中是不均匀分布的：骨架位置的参数数值通常更大，重要性显著高于角落位置，而且人为地增强骨架位置可以显著提升模型的性能。基于这一发现，本章提出了非对称卷积模块。ACB 是一种创新的基本组件，可用于多种卷积神经网络中以取代标准卷积层。假定要替换的卷积层的卷积核尺寸

为 $K \times K$，则对应的 ACB 由三个并行的卷积层组成，分别为 $K \times K$、$1 \times K$ 和 $K \times 1$，这三层的输出相加，从而使特征空间更加丰富，如图 3.1 所示。由于引入的 $1\times K$ 和 $K\times 1$ 层的卷积核形状不是正方形，所以本章称其为非对称卷积层，$K \times K$ 卷积层称为方形卷积层。

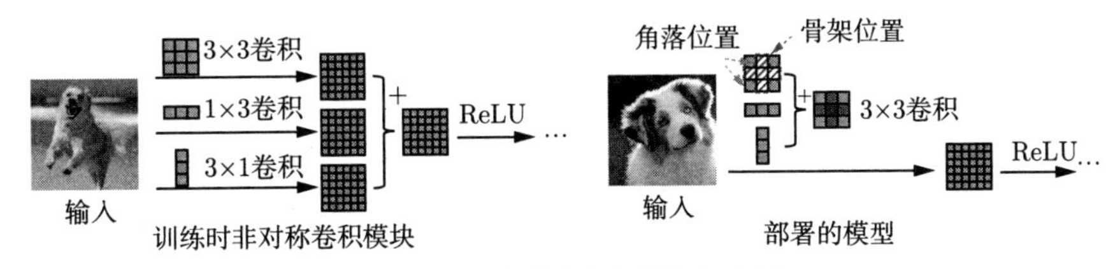

图 3.1　非对称卷积模块示意图

给定一个卷积神经网络架构，ACB 可用于替换每个方形卷积层，从而构造一个非对称卷积网络，称为 ACNet，并对其进行训练直到收敛。训练后，ACB 中的非对称卷积层的参数可以叠加到方形卷积层的卷积核的相应位置，从而将 ACNet 等效转换为与原模型相同的结构。这是因为如果若干个卷积层的卷积核尺寸是可兼容的，那么这几个卷积就具有可加性，所以若干个卷积核可以等价合并为一个，最终得到的模型的精度与训练时的 ACNet 完全相同。本章将这一性质总结为卷积的广义可加性，详见 3.4.1 节中的图 3.3。如实验部分所示，ACB 可以明显提高 CIFAR[89] 和 ImageNet[7] 上多种基准模型的精度。

尤为值得注意的是，ACB 有以下几个显著优点：

（1）ACB 没有引入任何超参，因而不需要调参就可以与不同的架构相结合。

（2）ACB 结构简单，容易在主流框架上实现，如 PyTorch[13] 和 Tensorflow[12]。

（3）ACB 可以提升模型精度却不引入任何额外的推理开销，所以在最终用户看来是实现了“无痛涨点”。

通过进一步的探索性实验，本章进一步解释了 ACB 有效的原因。如上文所述，骨架位置更强是方形卷积核的内在性质，而每个 ACB 将水平和垂直卷积核叠加到骨架上，从而进一步显式地增强骨架的表征能力，这符合其内在性质。值得注意的是，每个 ACB 中方形、水平和垂直卷积核均为随机初始化，在训练过程中不加任何约束，所以理论上对应的参数的数值完全可以向相反的方向变化，因而叠加后骨架既可能变弱也可能变强。例如，垂直卷积核和水平卷积核的参数值可能训练成负值，方形卷积核的骨架位置可能训练成正值，从而使得叠加后的骨架变弱。然而，实验中观察到的现象表明，模型在每个 ACB 中都总是自发地增强其骨架。这一发现可能对未来关于卷积核性质的进一步研究有所帮助。

本章的贡献可总结如下：

（1）提出了非对称卷积的一种新的应用方式：用来增强标准方形卷积的表征能力而不引入任何推理开销。这与一些早期工作的用非对称卷积来近似方形卷积的用法[21,56-57,90-92] 显著不同。

（2）提出了 ACB 作为一种多架构通用的新式基本组件，用以替换任意架构中的常规卷积层。

（3）揭示了常规方形卷积核中骨架位置区别于角落位置的内在性质并展示了增强骨架位置可以提升模型的表征能力。

（4）通过实验表明 ACB 可以增强模型对旋转变换的健壮性，这可能启发业界对计算机视觉领域的重要课题——旋转不变性的进一步研究。

3.2 相关工作

3.2.1 非对称卷积

非对称卷积的一种常见用法是用于近似常规的方形卷积层，以实现压缩和加速。之前的一些工作[56-57] 表明，标准的 $K \times K$ 卷积层可以近似分解为 $K\times1$ 后接 $1\times K$ 卷积，以减少参数量和计算量。然而需要注意的是，只有在卷积核的每个通道（即一个 $K \times K$ 矩阵）的秩为 1 时，这种分解才是等价的。而一般的卷积神经网络的训练会使得秩大于 1，故直接应用上述分解会造成显著的信息损失。Denton 等[56] 通过基于 SVD 的方式得到低秩近似，然后微调模型的高层部分以恢复精度，从而改善了精度损失问题。Jaderberg 等[57] 通过最小化 ℓ-2 重建误差而让模型学出了如上所述的 $K\times1$ 和 $1\times K$ 卷积。Jin 等[90] 应用一种创新的约束使得卷积核通道变得可分离，从而在精度相当的前提下实现了显著的加速。

此外，非对称卷积也可作为架构设计的一种基本元素，以节省参数量和计算量。例如，在 Inception v3[21] 中，7×7 卷积可以用串行的 1×7

和 7×1 卷积来替换。然而，作者发现这种替换并不等效，而且在较低的层上效果较差。ENet[92] 也采用了类似的方法来分解 5×5 卷积以设计高效的语义分割网络。EDANet[91] 使用类似的方法分解 3×3 卷积，降低了模型的参数量和计算量，但精度略有下降。

与这些工作相比，本章中非对称卷积的用法并不是作为架构设计的一种元素，也不用于近似方形卷积。本章关注的是组件层面而非架构层面，用非对称卷积来增强最基本的组件——常规方形卷积层，从而普遍地、一般地提高模型性能。

3.2.2 多架构通用的基本组件

本章无意对卷积神经网络进行架构层面的改变，而是试图提出一种多架构通用组件来增强现有模型。具体来讲，所谓多架构通用的意思是指一种组件的应用不特定于具体的架构，且可以在多种架构上得到普遍的性能提升。例如，SE 模块[34] 可以插入到卷积层之后，以学到的权重重新缩放特征图的各个通道，从而以较为合理的额外参数和计算开销为代价得到明显的精度提高。另一个例子是辅助分类器[20]，可用于多种模型中以促进较低的层学到丰富的语义信息，但需要额外的人力来调整超参。

相比之下，ACB 在训练时不引入任何需要人为调整的超参，且在推理时不引入任何额外的参数或计算量。因此，在实际应用中，开发人员可以使用非对称卷积模块来增强各种模型，而无须进行费时费力的调整；最终用户可以在不付出任何代价的前提下得到精度提升。

3.3 对卷积核内部空间位置的定量分析

为了深入研究卷积核内不同空间位置的参数之间的区别，本节进行了一系列定量分析。

首先，受神经网络稀疏化（即非结构化剪枝）方法[37,44,93] 的启发，本节实验随机移除不同空间位置的参数并观察模型性能降低的趋势。具体来讲，在 CIFAR-10 上的 ResNet-56 模型上，每次设定一目标稀疏率（从 1%开始），然后对于每个 3×3 卷积核，随机地将其部分参数值剪掉（即设为 0）以使其达到该稀疏率，之后对模型进行测试以记录其精度。每次将目标稀疏率提高 1%，以绘制出一条模型精度随卷积核稀疏率变化的曲线。共进行三组实验，这三组实验之间唯一的区别在于选择被剪掉的参数的方式不同。

如图 3.2（a）所示，对于标记为“角落”的曲线，每个 3×3 卷积核的被剪掉的参数值是从其四角位置中随机选择的。例如，稀疏率为 44%的数据点意味着每个卷积核四个角落的绝大部分参数都被剪掉了$\left(因为\ \frac{4}{9}=44.4\%\right)$，而此刻模型还未完全崩溃（正确率仍高于 20%）。对于标记为“骨架”的曲线，被剪掉的参数值从每个 3×3 卷积核的骨架位置中随机选择，在这种情况下模型精度的降低非常快速：稀疏率达到约 20%时，模型的精度就降低到约 10%了。标记为“全局”的曲线表示在随机选择剪掉的参数值时不区分其空间位置，从整个卷积核中随机选择。实验用不同的随机种子重复五次，图中曲线表示的是均值 ± 标准差。

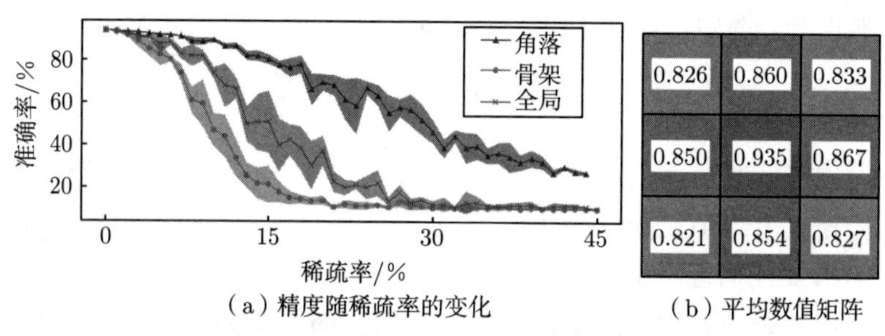

（a）精度随稀疏率的变化　　（b）平均数值矩阵

图 3.2　ResNet-56 卷积核的定量分析

可以观察到，每一条曲线都显示出精度随着稀疏率的增大而降低的趋势，但由于随机因素的影响，这种趋势不是单调的。显然，从角落移除参数对模型造成的损害较小，从骨架移除参数对模型造成的损害更大。这一现象表明，卷积核骨架位置的参数对其表征能力更为重要。

第二组实验意在从卷积核参数的数值特征角度解释上述现象，目标是将整个 ResNet-56 模型中的所有 3×3 卷积核聚合为一个容易分析其不同空间位置的数值并进行可视化的统计量，即一个 3×3 矩阵。为实现这一目的，首先对所有 3×3 卷积层和其后的 BN 进行融合（参见 2.3节，此处不赘述）；而后，对每层的参数张量取绝对值，聚合成一个 3×3 矩阵，然后除以其最大值，以求得每个空间位置在该层内的相对数值大小，作为该层的统计量；最后，将每层的这一统计量叠加取均值，即为所求的整个模型的全局统计量。

具体来讲，用 i 表示 3×3 卷积层的序号，设共有 n 层，abs 表示绝对值函数，$\boldsymbol{S}^{(i)} \in \mathbb{R}^{3\times3}$ 表示第 i 层聚合而成的 3×3 矩阵，则有

$$\boldsymbol{S}^{(i)} = \sum_{d=1}^{D^{(i)}} \sum_{c=1}^{C^{(i)}} \mathrm{abs}(\boldsymbol{W}_{d,c,:,:}^{(i)}) \tag{3.1}$$

然后得到全局统计量，记作 $\boldsymbol{A} \in \mathbb{R}^{3\times3}$，即

$$\boldsymbol{A} = \frac{1}{n} \sum_{i=1}^{n} \frac{\boldsymbol{S}^{(i)}}{\max(\boldsymbol{S}^{(i)})} \tag{3.2}$$

显然，$\boldsymbol{A}$ 中的每个元素在 0~1 之间，表示该空间位置参数的平均相对数值。下文称其为平均数值矩阵。

图 3.2（b）可视化了 ResNet-56 的平均数值矩阵 $\boldsymbol{A}$，其中每个格子上的数值和颜色表示所有 3×3 卷积层的参数在相应位置上的平均相对数值，即数值越大，背景颜色越深，表示该位置参数的平均绝对值越大。可以看出，模型中的 3×3 卷积核中不同位置的参数大小是不同的：四个角落的最小，骨架位置较大，中心点最大。

受上述发现的启发，自然想到：卷积神经网络在学习过程中自发地让卷积核中的骨架位置变得更加重要，这说明骨架位置对模型的表征能力十分关键，那么人为地增强骨架位置可能会进一步提高模型的表征能力。所以，本章提出用非对称卷积来增强常规方形卷积的骨架位置，如图 3.1 所示。

3.4　非对称卷积模块

本节首先介绍将 ACB 等价转换为单个卷积层的理论基础，即卷积的可加性的广义拓展，然后介绍 ACB 的具体结构和转换的具体过程。

3.4.1　卷积的广义可加性

卷积是线性的，即同时满足齐次性和可加性。可加性意味着，对于相同形状的两个卷积核 $\boldsymbol{W}^{(1)}, \boldsymbol{W}^{(2)} \in \mathbb{R}^{D\times C\times K\times K}$，对任意输入 $\boldsymbol{I} \in$

$\mathbb{R}^{N\times C\times H\times W}$，以下恒等式成立：

$$\boldsymbol{I}\circledast\boldsymbol{W}^{(1)}+\boldsymbol{I}\circledast\boldsymbol{W}^{(2)}=\boldsymbol{I}\circledast(\boldsymbol{W}^{(1)}+\boldsymbol{W}^{(2)}) \tag{3.3}$$

这一性质不能直接用于将非对称卷积等价地与方形卷积合并，因为其形状不同。本章注意到卷积的一个有用性质，即可加性的广义形式：如果多个并行的卷积核具有可兼容的尺寸，作用于同一输入，输出同样形状的特征图，且各自的输出相加作为总的输出，那么这些卷积核可以叠加到对应的位置以得到一个等效卷积核，用这一等效卷积核在同一输入上进行卷积将得到同样的输出。也就是说，即便卷积核尺寸不同，可加性也可能成立。当 $\boldsymbol{W}^{(1)}$ 和 $\boldsymbol{W}^{(2)}$ 虽然形状不同但满足上述条件时，有

$$\boldsymbol{I}\circledast\boldsymbol{W}^{(1)}+\boldsymbol{I}\circledast\boldsymbol{W}^{(2)}=\boldsymbol{I}\circledast(\boldsymbol{W}^{(1)}\oplus\boldsymbol{W}^{(2)}) \tag{3.4}$$

式中 $\oplus$ 表示在对应位置上逐元素（element-wise）的加法。本章将这种性质称为广义可加性。需要注意的是，为了产生相同形状的输出，几个卷积的边缘填充（padding）可能不相同。

需要强调的是，这里“可兼容”的意思是可以将较小的卷积核叠加到较大的上，也就是说前者的卷积核高度和宽度都应不大于后者。例如，1×3 和 3×1 卷积核都与 3×3 卷积核兼容。

上述操作的等价性可以通过滑动窗口的视角来验证。用滑动窗口的形式表示卷积的运算过程，设卷积核尺寸为 $K_h\times K_w$，对任一输出通道 j，设其上某一点 y 在 $\boldsymbol{I}$ 上对应的滑动窗口为 $\boldsymbol{X}\in\mathbb{R}^{C\times K_h\times K_w}$，则有

$$y=\sum_{c=1}^{C}\sum_{h=1}^{K_h}\sum_{w=1}^{K_w}\boldsymbol{W}_{j,c,h,w}\boldsymbol{X}_{c,h,w} \tag{3.5}$$

不难看出，在将两个卷积层的输出相加时，广义可加性成立的前提是：对于两份输出特征图上的每一对位置相同的点，其在输入特征图上对应的滑动窗口相同。当两个卷积层的卷积核尺寸兼容、步长相同且作用于同一输入时，通过恰当设定各自的边缘填充，这一前提是可以满足的，故广义可加性是可以成立的。如图 3.3 所示，以三个卷积核尺寸分别为 3×3，1×3，3×1 的卷积层为例，假设 $D=C=1$，图中仅画出左上角和右下角的滑动窗口。可以看出这三个卷积层共享相同的滑动窗口。因为

在每个滑动窗口中等价性均成立，所以等价性对整个输出特征图的每一点都成立。

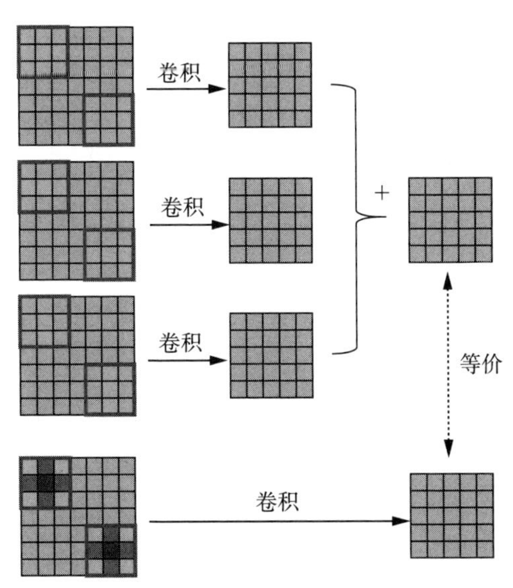

图 3.3　通过滑动窗口视角验证卷积的广义可加性（见文前彩图）

相比于一般所说的可加性，即两个相同形状的卷积核可以合并为一个卷积核的性质，广义可加性具有显著的应用价值。相关研究工作[94] 表明，构造并训练相同形状的两个卷积核并将其合并为一个卷积核可以在一定程度上提升模型的精度。这是因为虽然在训练中的任一时刻，这两个卷积核都可以等价合并为一个卷积核以产生完全相同的输出，但是推理的等价性并不意味着训练的等价性，模型的精度因为参数空间的扩展而提高。而当构造的卷积核形状不同时，如本章所提出的 ACB 的形式，这些形状不同的卷积核可以提取不同尺度的特征，在模型的结构中增加了多样化的链接，更有效地提升了模型的表征能力。广义可加性为形状不同的卷积核的等价合并提供了理论基础。

3.4.2　非对称卷积模块的结构和转换

ACB 的训练时结构如图 3.4 所示，每个分支卷积后均使用一个 BN 层，这是为了使各个分支在训练中自动调整各自输出的相对大小。转换过程分为两步：BN 融合和分支融合。

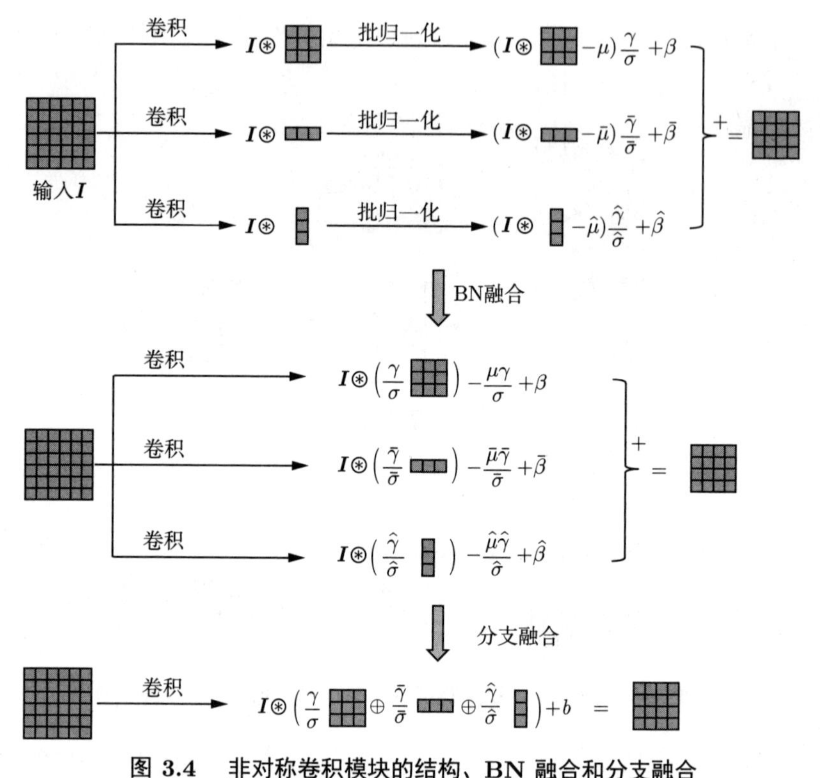

图 3.4　非对称卷积模块的结构、BN 融合和分支融合

（1）BN 融合：由于卷积具有齐次性，BN 可以等价合并到卷积层中。这部分操作在 2.3节已有介绍，此处不赘述。

（2）分支融合：三个分支经过 BN 融合后各自转换成了带偏置项的单个卷积层，分支融合只需将非对称卷积核叠加到方形卷积核的对应位置。

用 $\boldsymbol{W},\bar{\boldsymbol{W}},\hat{\boldsymbol{W}}$ 分别表示方形、水平和竖直卷积核，其后的 BN 层参数也采用相同的表示法。用 $\boldsymbol{W}'$ 和 $\boldsymbol{b}'$ 分别表示最终得到的卷积核和偏置项，不难得出，对任一输出通道 j，

$$\boldsymbol{W}'_{j,:,:,:} = \frac{\gamma_j}{\sigma_j}\boldsymbol{W}_{j,:,:,:} \oplus \frac{\bar{\gamma}_j}{\bar{\sigma}_j}\bar{\boldsymbol{W}}_{j,:,:,:} \oplus \frac{\hat{\gamma}_j}{\hat{\sigma}_j}\hat{\boldsymbol{W}}_{j,:,:,:} \tag{3.6}$$

$$\boldsymbol{b}_j = -\frac{\mu_j\gamma_j}{\sigma_j} - \frac{\bar{\mu}_j\bar{\gamma}_j}{\bar{\sigma}_j} - \frac{\hat{\mu}_j\hat{\gamma}_j}{\hat{\sigma}_j} + \beta_j + \bar{\beta}_j + \hat{\beta}_j \tag{3.7}$$

亦不难验证，对同一输入，以 $\boldsymbol{W}'$ 和 $\boldsymbol{b}'$ 为参数的单一卷积层的输出等于原 ACB 的输出。

本章聚焦于 3×3 卷积是因为其大量应用于主流神经网络架构中，但这一方法完全可以用于任何 $K \times K$（$K > 1$）卷积。给定一个架构，只需要简单地将每一个 $K \times K$ 卷积层替换为 ACB，得到的模型称为 ACNet。注意如果原卷积层后有 BN 层，则应将卷积层和 BN 并替换为 ACB。训练完成后，对 ACNet 进行上述转换以得到原架构模型，并进行测试和部署即可。

3.5 实验分析

本节首先报告 CIFAR 和 ImageNet 上的一系列实验结果以证明非对称卷积模块在不同数据集和卷积神经网络架构上的有效性，然后通过消融实验以验证各个设计元素的必要性，最后继续沿用 3.3节的研究方法进一步探索。

3.5.1 CIFAR 实验

为了验证 ACB 提升模型精度的有效性，本节选择现有的卷积神经网络架构作为基线，用 ACB 替换常规卷积层以构建一个对应的 ACNet 并训练，最后将 ACNet 转换为原架构，测试其精度并与原模型进行对比。为了公平对比，每一对基线模型和 ACNet 都使用相同的训练配置。

首先，本节在 CIFAR-10 和 CIFAR-100[89] 上使用几种代表性的常用基准模型进行初步评估，包括 Cifar-quick[95]、VGG-16[9]、ResNet-56[10]、WRN-16-8[30] 和 DenseNet-40[24]。对于 Cifar-quick、VGG-16、ResNet-56 和 DenseNet-40，本节按照惯例，使用 0.1、0.01、0.001 和 0.0001 的阶梯学习率。在 WRN-16-8 上，沿用其原论文[30] 中报告的训练配置。数据扩充技术沿用业内习惯做法[10]，即填充到 40×40、随机裁剪和左右翻转。从表 3.1 和表 3.2 中可以看出，所有模型的性能都有明显的提高，这表明 ACB 可以用于多种架构，取得普遍性能提升。

3.5.2 ImageNet 实验

本节通过在 ImageNet[7] 上的一系列实验来进一步验证 ACB 的有效性。采用的基准模型包括 AlexNet[8]、RepVGG-A0、ResNet-18[10] 和

DenseNet-121[24]，分别是简单架构、残差架构和稠密链接架构的代表。需要注意的是，此处使用一种简化的 AlexNet 实现[96]，这一版本由 5 个卷积层和 3 个全连接层构成，每个卷积层后均有 BN[23] 层，没有局部响应归一化（local response normalization，LRN）层。由于 AlexNet 的前两层分别使用 11×11 和 5×5 卷积，ACB 中可以采用更大的非对称卷积核，但本节仍然只使用 1×3 和 3×1 卷积。如表 3.3 所示，ACB 将 AlexNet、RepVGG-A0、ResNet-18 和 DenseNet-121 的正确率分别提高了 1.52%、0.45%、0.78%和 0.67%。

表 3.1　ACB 在 CIFAR-10 上的正确率提升

架构	基准模型正确率/%	ACNet 正确率/%	正确率提升/%
Cifar-quick	83.13	84.24	1.11
VGG	94.12	94.47	0.35
ResNet-56	94.31	95.09	0.78
WRN-16-8	95.56	96.15	0.59
DenseNet-40	94.29	94.84	0.55

表 3.2　ACB 在 CIFAR-100 上的正确率提升

架构	基线正确率/%	ACNet 正确率/%	正确率提升/%
Cifar-quick	53.22	54.30	1.08
VGG	74.56	75.20	0.64
ResNet-56	73.58	74.04	0.46
WRN-16-8	78.65	79.44	0.79
DenseNet-40	73.14	73.41	0.27

表 3.3　ACB 在 ImageNet 上的正确率提升

架构	基线正确率/%	ACNet 正确率/%	正确率提升/%	基线前五正确率/%	ACNet 前五正确率/%	前五正确率提升/%
AlexNet	55.92	57.44	1.52	79.53	80.73	1.20
ResNet-18	70.36	71.14	0.78	89.61	89.96	0.35
RepVGG-A0	72.41	72.86	0.45	90.54	90.82	0.28
DenseNet-121	75.15	75.82	0.67	92.45	92.77	0.32

3.5.3 消融实验

在 3.5.2 节已经通过实验验证了 ACB 的有效性的基础上，本节通过消融实验来验证以下主要设计元素的必要性：水平卷积核、垂直卷积核和分支中的 BN 层。实验在 ImageNet 上的 AlexNet 和 ResNet-18 上进行，所有模型采用相同的训练配置。

首先，对每一个训练好的模型，用验证集中的原图像进行测试。从表 3.4 中可以看出，移除上述的任何一种设计元素都会降低模型的精度。虽然水平和竖直卷积核都可以提高原模型的精度，但是也可能存在一些差异，因为在实践中水平和竖直方向是有区别的。例如，数据扩充操作通常包括随机的左右翻转，但不进行上下翻转。因此，如果将上下翻转的图像输入到模型中，原方形卷积核应该会产生与原图像上显著不同的结果，但是水平卷积核却能在轴对称的位置产生与原图像上相同的输出，如图 3.5 所示。也就是说，在上下翻转的图像上，ACB 的一部分仍然可以正确地提取特征。所以此处提出一种猜测：ACB 可以增强模型对旋转变换的健壮性，从而使得模型能够更好地泛化到测试数据上。

表 3.4 ImageNet 上不同的 ACB 设计和旋转变换对正确率的影响

架构	主要设计元素存在状态			原输入精度/%	输入图像的旋转操作		
	水平卷积	竖直卷积	分支中 BN 层		旋转 90° 后的精度/%	旋转 180° 后的精度/%	上下翻转后的精度/%
AlexNet	×	×	×	55.92	28.18	31.41	31.62
AlexNet	×	√	√	57.10	29.65	32.86	33.02
AlexNet	√	×	√	57.25	29.97	33.74	33.74
AlexNet	√	√	√	57.44	30.49	33.98	33.82
AlexNet	√	√	×	56.18	28.81	32.12	32.33
ResNet-18	×	×	×	70.36	41.00	41.95	41.86
ResNet-18	×	√	√	70.78	41.61	42.47	42.66
ResNet-18	√	×	√	70.70	42.06	43.22	43.05
ResNet-18	√	√	√	71.14	42.20	42.89	43.10
ResNet-18	√	√	×	70.82	41.70	42.92	42.90

注：“×” 表示该设计元素移除，“√” 表示该设计元素存在。

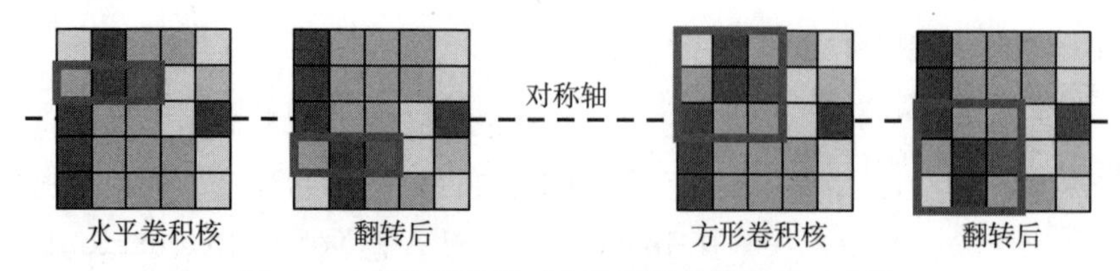

图 3.5　水平卷积核对上下翻转的健壮性示意图

为验证这一点，进一步的实验使用经过旋转的验证集图像测试各模型的精度，包括旋转 90°、旋转 180° 和上下翻转。自然地，每个模型的精度都显著降低了，但具有水平卷积核的模型的精度明显较高。例如，在原输入上，仅具有水平卷积核的 ResNet-18 的精度略低于仅具有竖直卷积核的 ResNet-18，但在 180° 旋转的输入上，前者的精度比后者高 0.75%；与原模型对比，这一仅具有水平卷积核的 ResNet-18 的精度在原输入上高 0.34%，但是在旋转 180° 的图像上高 1.27%。另外观察到，所有模型在 180° 旋转的图像和上下翻转的图像上的精度接近，这是符合预期的，因为上下翻转等价于 180° 旋转加左右翻转，而模型由于训练时的数据扩充已经适应了左右翻转。

综上所述，ACB 尤其是其中的水平卷积核可以明显增强模型对旋转变换的健壮性。这一发现可能有助于进一步研究视觉模型的基本课题——旋转不变性问题。

3.5.4　ACB 卷积核的定量分析

本节沿用 3.3节的定量分析方法，探究 ACB 是否确实增强了方形卷积核的骨架。首先，将 3.5.1节训练好的 ResNet-56 架构的 ACNet 完成转换后，应用与 3.3节相同的方法对其进行随机剪枝实验并可视化其平均数值矩阵。此处的发现十分有趣。方形、水平和竖直卷积核都是随机初始化的，其对应位置上的参数可能变得正负相反，因此转换得到的骨架部分参数值既可能更大也可能更小。但是，实验中观察到的现象十分一致，即模型总是自发地增强每一层的骨架。

如图 3.6（a）所示，骨架和角落位置的差异性变得更加显著：移除几乎所有的角落位置参数只会将模型的精度降低到 60%以上；移除骨架位置参数产生的稀疏率仅达到 13%时，即 $13 \times \frac{9}{5} = 23.4\%$ 的骨架参数被剪掉时，模型就完全崩溃了。如图 3.6（b）所示，上述差异也体现在平均

数值矩阵 $\boldsymbol{A}$ 上。角落的 $\boldsymbol{A}$ 值降低到 0.4 以下，骨架的 $\boldsymbol{A}$ 值高于 0.666。尤为值得注意的是，中心点的 $\boldsymbol{A}$ 值为 1.000，这意味着在每个卷积层的每个 3×3 通道中，中心位置的参数都是最大的。

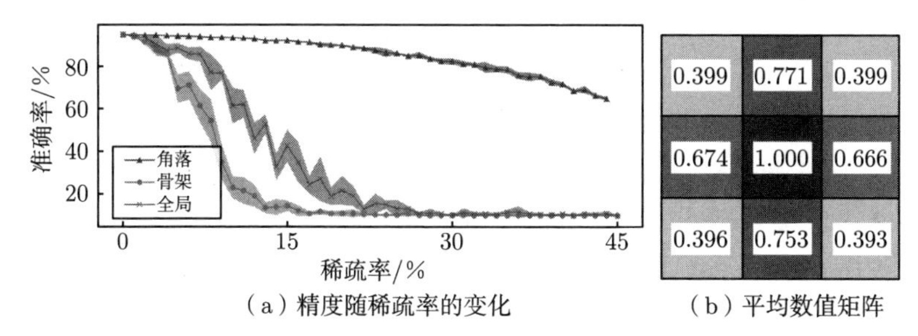

（a）精度随稀疏率的变化　（b）平均数值矩阵

图 3.6　ResNet-56 上 ACB 转换得到的卷积核的定量分析（见文前彩图）

进一步的实验将非对称卷积核叠加到方形卷积核的其他位置而不是骨架上，意在探究如果用 ACB 增强卷积核的其他部分，模型的性质会有何差异。具体来讲，用与前述相同的训练配置来训练 CIFAR-10 上的 ResNet-56 的 ACNet 变体，这一变体的改动在于通过改变水平和竖直卷积的边缘填充，将水平卷积的起始位置向下移动一个像素，并将竖直卷积的起始位置向右移动一个像素。因此，在进行转换时，为了实现等价性，就应当将水平和竖直卷积核叠加到方形卷积核的右下边缘。测试结果表明，该模型的正确率为 94.67%，比表 3.1 中所示的增强骨架的 ACNet 低 0.42%。对卷积核的定量分析表明，这样的 ACB 虽然也可以增强卷积核的右下边缘，但效果不如正常的 ACB 增强骨架位置的效果强：如图 3.7（a）所示，尽管这样的 ACB 增强了右下边缘，但剪掉这一位置的参数并不会比剪掉左上角的 2×2 区域造成的破坏更小，而且剪掉四个角落

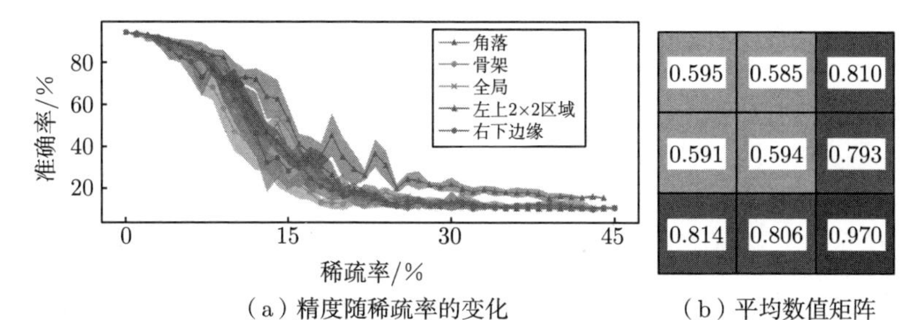

（a）精度随稀疏率的变化　（b）平均数值矩阵

图 3.7　ResNet-56 上增强右下边缘的 ACB 的卷积核的定量分析（见文前彩图）

位置的精度仍然是最高的；如图 3.7（b）所示，尽管右下边缘的数值变大了，但差别并没有如正常 ACB 增强骨架那样显著。

3.6 本章小结

本章提出非对称卷积模块。在 CIFAR 和 ImageNet 上的实验证明，ACB 可以普遍地提高多种卷积神经网络架构的精度，而又不引入需要人为调整的超参数，不需要额外的推理开销。在实际应用中，在推理延迟、能耗或模型大小受限制的情况下，开发者可以使用 ACB 以满足精度要求。在最终用户看来，这样提升的精度可以称为“无痛涨点”。

本章关于卷积核参数与空间位置的关系的深入研究揭示了卷积神经网络的内在性质，并解释了 ACB 有效的原因。主要的发现包括：

（1）卷积神经网络的训练会自发地使得骨架位置比角落位置更加重要。

（2）ACB 可以显著增强骨架位置并提高精度。

（3）与增强骨架位置相比，增强卷积核的边缘带来的性能提升较少。

（4）增强卷积核的边缘不会显著降低其他位置的重要性。

所以，本章将 ACB 有效的原因归结为其增强了骨架位置，即遵循并强化了卷积神经网络的内在特性。

第 4 章　重参数化大卷积核模块

4.1　本 章 引 言

卷积神经网络是现代计算机视觉系统中的常用工具。然而，最近卷积神经网络的地位受到了视觉 Transformer 的挑战[68-71]。视觉 Transformer 在下游任务如目标检测[69,97]和语义分割[71,98]上的性能尤为出众，业界普遍相信这是因为视觉 Transformer 中的多头自注意力（multi-head self-attention，MHSA）机制相比于卷积具有本质的优越性。例如，此前的一些工作表明，与卷积相比，MHSA 的灵活性更好[99]，归纳偏置更少[100]，对输入的失真更健壮[98,101]，且能够建模长程依赖（long-range dependencies）[72-73]。同时，也有一些研究质疑了 MHSA 的必要性[102-104]，将视觉 Transformer 的高性能归功于权值的动态性和稀疏性[103-104]。

卷积神经网络和视觉 Transformer 之间的性能差距来自何处？一些先前的研究[100,102-103,105-106]试图从不同的视角做出解释。本章聚焦于一个与先前的研究均不同的视角：建立长程空间关联的范式。在视觉 Transformer 中，MHSA 一般设计为在全局尺度上[68,71,107]或较大的局部窗口内[69,108-109]（例如 7×7 以上）进行自注意力（self-attention）运算，每个 MHSA 层的每个输出可以从较大的区域内提取信息。自然地，在卷积神经网络中，与这种大感受野机制所对应的是尺寸较大的卷积核，然而现代主流的卷积神经网络中却鲜有大卷积核。相反的是，卷积神经网络设计中的典型范式是堆叠大量小的空间卷积①，如 3×3 卷积[9-11,24-25,27,32]。只有较为早期的卷积神经网络，如 AlexNet[8]和 Inception 系列[20-22]才在主体部分使用较大的空间卷积（卷积核尺寸大于 5×5）。因此，本章自然地提出这一问题：如果在卷积神

① 空间卷积指的是卷积核的空间尺寸大于 1×1 的卷积。

经网络中使用少量大卷积核，而非大量小卷积核，将会如何？大卷积核是使卷积神经网络的性能逼近视觉 Transformer 的关键吗？

本章系统性地探索了卷积神经网络中的大卷积核设计，其方法是将大尺寸（最大可达 31×31）的逐通道（depth-wise）卷积加入传统的卷积神经网络中以替换传统的小卷积核。本章总结了以下五条应用大卷积核的准则：

（1）使用逐通道卷积和恰当的优化。

（2）在大卷积核模型中使用恒等短路链接（identity shortcut）。

（3）应用小卷积核重参数化以解决优化问题。

（4）以下游任务性能而非 ImageNet 精度作为评判标准。

（5）即便在小特征图上也可应用大卷积核。

在这些准则的指导下，本章提出大卷积核模型的一种基本组件：重参数化大卷积核模块 RepLKB。这一模块由大卷积核、用于重参数化的小卷积核、短路链接、1×1 卷积等组成。以 RepLKB 为基本组件，本章提出了一种大量应用大卷积核的卷积神经网络架构，称为 RepLKNet。这一架构的宏观设计与 Swin Transformer [69] 相似，主要的不同之处在于将 MHSA 模块替换成了 RepLKB，其使用的卷积核尺寸可达 27×27 和 31×31。本章的实验主要用较大体量的模型进行，因为业界普遍相信视觉 Transformer 相对于卷积神经网络的优势在数据量和模型体量较大时更为显著。在 ImageNet 图像分类上，RepLKNet 在仅有 ImageNet-1K 数据集训练的前提下达到 84.8%的正确率。更重要的是，本章发现大卷积核在下游任务上效果更为显著。例如，在计算量和参数量相当的前提下，RepLKNet 在 COCO 目标检测数据集 [19] 上取得的 mAP 比 ResNeXt-101 [31] 高 4.4%，在 ADE20K 语义分割数据集 [18] 上取得的 mIoU 比 ResNet-101 [10] 高 6.1%。RepLKNet 的这一结果也与 Swin Transformer 相当或比其更好，且速度更快。

除了优异的精度和效率之外，本章的研究也表明，大卷积核设计为卷积神经网络引入了一些有益的性质。例如，实验表明少量大卷积核可以高效地产生较大的有效感受野（effective receptive field，ERF）[110]。与之相反的是，堆叠大量小卷积核产生的有效感受野较小。此外，大卷积核为卷积神经网络引入了更为明显的形状偏好（即模型所做出的预测更多地取决于物体的形状，而非局部的纹理），这一点与人类的视觉系统相似。

4.2 相关工作

4.2.1 单层大感受野模型

大卷积核自 VGGNet[9] 之后逐渐无人问津。一项代表性的应用大卷积核的工作是全局卷积网络（global convolution network，GCN）[111]。这一模型应用较大的 1×K 和 K×1 卷积来提升语义分割任务的性能。然而，这一论文报告称，大卷积核降低了 ImageNet 上的精度。局部关系网络（local relation network，LR-Net）[112] 提出了一种空间聚合算子以替换常规的卷积算子，这一算子也可以看作一种动态卷积。LR-Net 中的卷积核大到 7×7 时仍可取得精度提升，但是 9×9 会导致精度下降，且当卷积核尺寸与特征图一样大时，ImageNet 正确率从 75.7%大幅降低至 68.4%。与本章同时期的一些工作也涉及单层大感受野设计，如 ConvMixer[113] 使用了最大到 9×9 的卷积来替换 ViT[68] 或视觉多层感知机（multi-layer perceptrons，MLP）[114-115] 中的空间聚合操作，MetaFormer[116] 表明池化层也可以在一定程度上替代自注意力层，ConvNeXt[117] 大量应用 7×7 卷积来构建了一种更强的宏观架构。虽然这些工作的性能出众，但都没有涉及对更大的卷积核尺寸（如 31×31）的研究。

4.2.2 模型放大技术

给定一个小模型，可以将其放大以得到更好的性能。显然，最终的精度与效率的平衡取决于放大的策略。对卷积神经网络而言，现有的放大方法通常只关注模型的深度、宽度、输入分辨率[11,32,118]、卷积的组宽度（group width）[32,118] 等，而一般忽略卷积核的尺寸。4.3节将表明，卷积核的尺寸也是一个重要的维度，特别是对下游任务而言。

4.3 应用大卷积核的五条准则

如前所述，不恰当地将卷积核扩大反而可能导致精度和效率降低[111]。本节通过一系列探索实验，总结有效应用大卷积核的五条准则。

（1）准则一：使用逐通道卷积和恰当的优化。此前，业界普遍相信大卷积核的卷积运算的代价高昂，因为卷积核参数量和 FLOPs 与卷积核尺寸的平方成正比。这一缺陷可通过逐通道（depth-wise，DW）卷积[25,33]来克服。例如，在本章提出的模型 RepLKNet 中，将四个主段的卷积核尺寸从 $[3,3,3,3]$ 增大到 $[31,29,27,13]$ 仅仅增加了 18.6%的 FLOPs 和 10.4%的参数量，完全是可以接受的，详见后文表 4.5。这是因为这一模型中 1×1 卷积的 FLOPs 和参数量占总量的比例较大，DW 卷积的 FLOPs 和参数量占比较小。

读者可能担心 DW 卷积在现代高并行度计算设备（如 GPU）上的效率低下。事实上，DW 3×3 卷积的效率较低，是因为 DW 操作的计算访存比（计算开销与访存开销的比值）较低[28]，故对高并行度计算设备不友好。然而，当卷积核尺寸较大时，DW 卷积的计算密度显著增加。例如，在 DW 11×11 卷积中，每次加载特征图上的一个值时，其可以参与 121 次乘法运算，而 3×3 卷积的这一数量仅为 9。所以，当卷积核尺寸变大时，实际计算用时的增长必定低于 FLOPs 的增长。

本章所用的大卷积核的底层实现是开源框架 MegEngine 的一种基于隐式广义矩阵乘法（implicit general matrix multiply，iGEMM）的算法，其效率远高于 PyTorch 等其他一些深度学习框架对大卷积核的默认实现，如表 4.1 所示。

表 4.1　输入为 (64, 384, R, R) 的不同尺寸的 24 层逐通道卷积的推理速度

分辨率 R	实现	不同卷积核尺寸的用时/ms								
		3	5	7	9	13	21	27	29	31
16 × 16	默认实现	5.6	11.0	14.4	17.6	36.0	83.4	133.5	150.7	171.4
	iGEMM	5.6	6.5	6.4	6.9	7.5	8.4	8.4	8.3	8.4
32 × 32	默认实现	21.9	34.1	54.8	76.1	141.2	342.3	557.8	638.6	734.8
	iGEMM	21.9	28.7	34.6	40.6	52.5	73.9	87.9	92.7	96.7
64 × 64	默认实现	69.6	141.2	228.6	319.8	600.0	1454.4	2371.1	2698.4	3090.4
	iGEMM	69.6	112.6	130.7	152.6	199.7	301.0	378.2	406.0	431.7

（2）准则二：在大卷积核模型中使用恒等短路链接。本节用 MobileNet V2[26] 作为实验对象，是因为其大量使用 DW 卷积而且有两个

版本，其中一个是有恒等短路链接（identity shortcut）的，另一个是没有的。实验构造这两个版本的 MobileNet V2 对应的大卷积核模型，只要简单地将所有 DW 3×3 卷积层换成 DW 13×13 即可。所有的模型均在 ImageNet 上训练 100 轮，训练使用 8 个 GPU，每个 GPU 上的批尺寸为 32，SGD 优化器，动量因子为 0.9，输入分辨率为 224×224，权值衰减因子为 4×10^{-5}。学习率设定为：初始值 0.1，5 轮预热，余弦衰减。数据增广方法仅采用随机裁剪和随机左右翻转。

如表 4.2 所示，在有短路链接的情况下，大卷积核将 MobileNet V2 的正确率提升了 0.77%。但是，在没有短路链接的情况下，大卷积核却将正确率降低到了 53.98%。一项旨在解释 ResNet 的早期研究工作[78] 曾指出，短路链接使得 ResNet 可以被看作一个由大量不同深度的模型组成的隐式集合，从而使其具有组合式的深度。从相似的视角来看，短路链接使得大卷积核模型可以被看作一个由不同感受野的模型组成的隐式集合，产生了组合式的感受野，故其最大感受野很大，但又可以有效提取到尺寸较小的特征。这一发现与视觉 Transformer 上的研究结果相一致：一项最近的研究[119] 发现，在没有短路链接的情况下，自注意力会随着深度增加而产生过渡平滑（over-smoothing）问题。

表 4.2　正常短路链接和无短路链接的 MobileNet V2 不同卷积核尺寸的精度

短路链接	卷积核尺寸	ImageNet 正确率/%
正常	3×3	71.76
正常	13×13	72.53
无	3×3	68.67
无	13×13	53.98

（3）准则三：应用小卷积核重参数化以解决优化问题。实验将 MobileNet V2 中的 3×3 卷积替换为 9×9 或 13×13，并应用结构重参数化方法论。具体来讲，此处结构重参数化的用法是构造与大卷积核并行的 3×3 卷积，两个卷积层的输出各自经过批归一化[23] 后相加，如图 4.1 所示。训练完成后，将小卷积核和 BN 的参数等价合并到大卷积核中去即可。与 ACB 类似，这一等价合并的理论基础也是卷积的广义可加性，如 3.4.1 节所述。如表 4.3 所示，简单将卷积核尺寸从 9 提高到 13 会导致

精度降低，但应用重参数化可以解决这一问题。

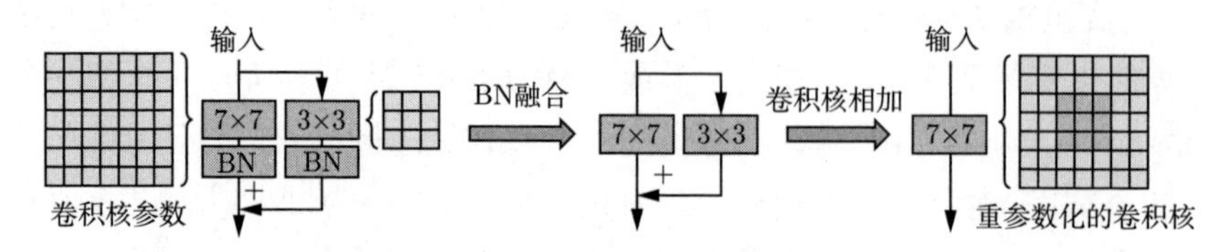

图 4.1 将小卷积核（3×3）融合到大卷积核（7×7）中的示例

表 4.3 有/无结构重参数化的不同卷积核尺寸的 MobileNet V2 的精度

卷积核尺寸	3×3 重参数化	ImageNet 正确率/%	Cityscapes 验证集 mIoU/%
3×3	N/A	71.76	72.31
9×9		72.67	76.11
9×9	√	73.09	76.30
13×13		72.53	75.67
13×13	√	73.24	76.60

进一步的实验将上述在 ImageNet 上训练好的模型迁移到 Cityscapes [88] 语义分割任务，所用的方法是开源框架 MMSegmentation [120] 提供的 DeepLabv3+ [121]。由于这一实验的目的是验证主干模型的性能，故此处仅替换主干模型而保留所有 MMSegmentation 提供的默认训练参数。观察到的结果与 ImageNet 相似：3×3 重参数化将卷积核尺寸为 9×9 的模型的 mIoU 提高了 0.19，将 13×13 的模型的 mIoU 提高了 0.93。在重参数化的作用下，将卷积核尺寸从 9 提高到 13 不再降低 ImageNet 和 Cityscapes 上的精度。

值得注意的是，由于缺少归纳偏置（inductive bias），视觉 Transformer 在小数据集上难以优化[68,122]。这一问题的一种解决方法是加入卷积先验，即在注意力模块中加入一个 3×3 卷积[123-124]，给模型引入平移等变性和局部性先验，使模型在小数据集上容易优化。对大卷积核模型而言，与小卷积核做重参数化的原理类似，也是通过引入归纳偏置使得模型可以优化得更好。

（4）准则四：以下游任务性能而非 ImageNet 精度作为评判标准。如表 4.3 所示，在应用重参数化的前提下，将 MobileNet V2 的卷积核尺寸从 3×3 增大到 9×9 仅提高了 1.33%的 ImageNet 正确率，却在 Cityscapes 上提高了 3.99% 的 mIoU。后文的表 4.5 所示的现象与之相似：当 RepLKNet 的四个主段的卷积核尺寸从 [3, 3, 3, 3] 增大到 [31, 29, 27, 13] 时，ImageNet 正确率仅提高了 0.96%，但 ADE20K[18] 的 mIoU 提高了 3.12。这一现象表明，ImageNet 精度接近的模型在下游任务上的精度可能差别很大。

本章提出的对这一现象的一个解释是大卷积核显著增加了模型的有效感受野[110]。一些研究工作表明，语境相关的信息对目标检测和语义分割等下游任务至关重要[111,125-128]，而充分提取全图的语境相关的信息显然需要较大的有效感受野。4.6.1节将讨论关于有效感受野的问题。

（5）准则五：即便在小特征图（如 7×7）上也可应用大卷积核（如 13×13）。为验证这一点，实验将 MobileNet V2 的最后一阶段（即输入特征图是 7×7）的三个卷积层的卷积核尺寸增大到 7×7 或 13×13，从而使其卷积核尺寸与特征图相当甚至更大，且保持其余卷积层的卷积核尺寸不变（仍为 3×3）。根据准则三，采用 3×3 小卷积核进行重参数化。如表 4.4 所示，增大卷积核尺寸提高了模型的精度，特别是在下游任务上。

表 4.4 增大 MobileNet V2 的最后一阶段的卷积核尺寸的结果

卷积核尺寸	ImageNet 精度/%	Cityscapes mIoU/%
3×3	71.76	72.31
7×7	72.00	74.30
13×13	71.97	74.62

本章对此现象的解释是当卷积核尺寸变大时，平移等变性并不严格成立。如图 4.2 所示，相邻位置的输出只共享一部分卷积核的参数。也就

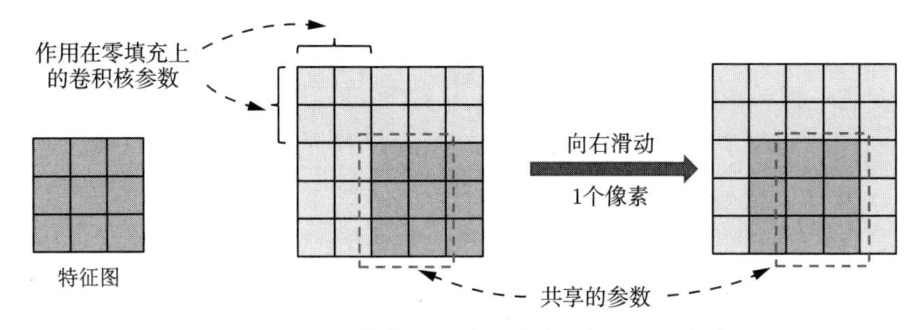

图 4.2 对小特征图上应用大卷积核的直观解释

是说，此时的操作可以看成一个在不同位置上应用不同参数的特殊卷积，表征能力更强。

4.4 RepLKB：一种大卷积核组件

根据以上五条准则，本章提出一种大卷积核组件，称为重参数化大卷积核模块，即 RepLKB。以 RepLKB 为基本组件，提出的一种卷积神经网络架构，称为 RepLKNet。

RepLKNet 和 RepLKB 的结构如图 4.3 所示。RepLKNet 由初段、主段、过渡段构成。除了 RepLKB 以外，其他组件包括 DW 3×3 卷积、1×1 卷积、批归一化[23] 等。需要注意的是每个卷积层后均接 BN 层，这一点在图中没有画出。短路链接相加之前和以高斯误差线性单元（Gaussian error linear units，GELU）[129] 作为激活函数之前的卷积—BN 结构没有激活函数，其他卷积—BN 结构均以 ReLU 作为激活函数。

初段指的是模型最开始的四个卷积层，分别是步长为 2 的常规卷积、DW 3×3 卷积、1×1 卷积、步长为 2 的 DW 3×3 卷积。

主段有四个，每个包含若干个 RepLKB。每个 RepLKB 中的结构要素包括 DW 大卷积核（依据准则一）和短路链接（依据准则二）。DW 大卷积前后各有 1×1 卷积。需要注意的是，DW 大卷积层用 5×5 的小卷积核进行重参数化（依据准则三），这在图 4.3 中没有画出。考虑到除了大卷积层提供足够的感受野以外，模型的表征能力也与其深度有关，故使用 1×1 卷积增加其深度。借鉴近来视觉 Transformer[68-69] 和 MLP[114-115,130] 中广泛采用的前馈网络（feed-forward network，FFN），这里使用一种卷积神经网络风格的组件，称为 ConvFFN，由 BN、两个 1×1 卷积层和 GELU[129] 激活函数构成。ConvFFN 的内部通道数是输入通道数的 4 倍，这也是借鉴 FFN 的常见用法。借鉴 ViT 和 Swin Transformer 的宏观架构（每个自注意力模块后跟一个 FFN），也令 RepLKNet 中每个 RepLKB 后跟一个 ConvFFN。

过渡段置于主段之间，首先用 1×1 升高通道维度，然后用步长为 2 的 DW 3×3 卷积进行下采样。

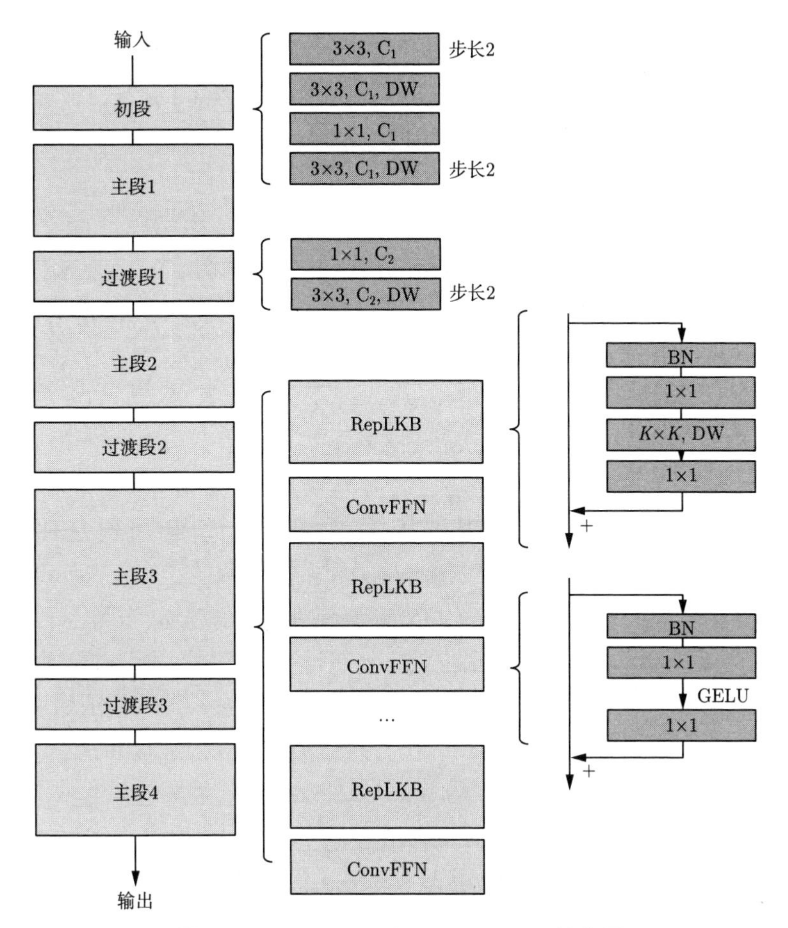

图 4.3　**RepLKB 和 RepLKNet 结构图**

综上所述，每个主段的架构超参数包括 RepLKB 的数量 B，通道数量 C 和卷积核尺寸 K，所以一个 RepLKNet 架构由三组超参数定义：$[B_1, B_2, B_3, B_4]$、$[C_1, C_2, C_3, C_4]$、$[K_1, K_2, K_3, K_4]$。

4.5 实验分析

4.5.1 RepLKNet 上增大卷积核尺寸的实验

本节继续在 RepLKNet 上验证大卷积核的效果。此处固定 $\boldsymbol{B}$=[2, 2, 18, 2] 和 $\boldsymbol{C}$=[128, 256, 512, 1024]，仅改变 $\boldsymbol{K}$，并记录模型的图像分类和语

义分割性能。实验取三组大卷积核尺寸，分别为 [13, 13, 13, 13]、[25, 25, 25, 13]、[31, 29, 27, 13]，对应的模型分别称为 RepLKNet-13/25/31。作为对比，再构造两个较小卷积核的基线模型，其卷积核尺寸分别为 3 或 7，称为 RepLKNet-3/7。

在 ImageNet 上，每个模型训练 120 轮，用 32 个 GPU，每个 GPU 的批尺寸为 64。优化器采用 AdamW[15]，动量因子为 0.9，权值衰减因子为 0.05。学习率参数包括初始值为 4×10^{-3}、余弦衰减、10 轮预热。数据扩充和正则化方法包括：随机扩充（RandAugment）[17]，标签平滑系数为 0.1，系数 $\alpha=0.8$ 的 mixup[87]，系数 $\alpha=1.0$ 的 CutMix[131]，概率为 0.25%的随机擦除（random erasing）[132] 和概率为 30%的随机深度（stochastic depth）[133]。

语义分割实验采用的数据集为 ADE20K[18]，这是一个应用广泛的大规模语义分割数据集，其中包含 150 类的 20000 张训练图像和 2000 张验证集图像。实验采用 ImageNet 上预训练好的模型作为主干模型，采用 MMSegmentation[120] 提供的 UperNet[134] 实现。所有模型均采用 MMSegmentation 默认的 80000 次迭代的训练配置，训练完成后测试其单尺度（single-scale）的 mIoU，按 2048×512 的输入来计算其 FLOPs。

实验结果如表 4.5 所示。在 ImageNet 上，随着卷积核尺寸从 3 增大到 13，正确率有所提高，但是更大的卷积核却不再提升其正确率。然而，在 ADE20K 上，将卷积核尺寸从 [13, 13, 13, 13] 增大到 [31, 29, 27, 13] 提高了 0.82%的 mIoU，而参数量仅仅增加了 5.3%，FLOPs 仅仅增加了 3.5%，这充分表明了大卷积核对下游任务的重要性。

表 4.5 不同卷积核尺寸的 RepLKNet 实验结果

卷积核尺寸	ImageNet			ADE20K		
	正确率/%	参数量/M	FLOPs/B	mIoU/%	参数量/M	FLOPs/B
[3, 3, 3, 3]	82.11	71.8	12.9	46.05	104.1	1119
[7, 7, 7, 7]	82.73	72.2	13.1	48.05	104.6	1123
[13, 13, 13, 13]	83.02	73.7	13.4	48.35	106.0	1130
[25, 25, 25, 13]	83.00	78.2	14.8	48.68	110.6	1159
[31, 29, 27, 13]	83.07	79.3	15.3	49.17	111.7	1170

后文的实验将在 ImageNet、Cityscapes、ADE20K、COCO 目标检

测[19] 数据集上采用更强的训练配置以将 RepLKNet-31 与其他业界领先的模型对比。后文将上述模型称为 RepLKNet-31B（B 是 Base 的缩写）。除此之外，再令 $\boldsymbol{C} = [192, 384, 768, 1536]$ 以构造一个更宽的模型，称为 RepLKNet-31L（L 是 Large 的缩写）。

4.5.2　ImageNet 图像分类

考虑到 RepLKNet 的宏观架构与 Swin Transformer[69] 相像，本节首先将两者进行对比。为对比公平，将前述的 RepLKNet-31B 的训练轮数从 120 轮延长到 300 轮，其他训练配置不变。将训练好的模型用 384×384 的分辨率进行微调，将其与输入分辨率为 384×384 的 Swin Transformer 相比。然后，实验在更大的预训练数据集 ImageNet-22K 上训练 RepLKNet-31B/L，并在 ImageNet-1K 上微调。除正确率、参数量、FLOPs 外，实验在 NVIDIA 2080Ti GPU 上测试每个模型在批尺寸为 64 时的实际吞吐量。

如表 4.6 所示，尽管大卷积核并不是为 ImageNet 分类任务而设计的，RepLKNet 模型的性能也称得上令人满意。值得注意的是，在仅有 ImageNet-1K 训练的前提下，RepLKNet-31B 的正确率达到 84.8%，比 Swin-B 高 0.3%，且速度比 Swin-B 快 43%。

表 4.6　RepLKNet 与 Swin Transformer 的 ImageNet 结果对比

模型	输入分辨率	正确率/%	参数量/M	FLOPs/B	吞吐量/（图数/秒）
RepLKNet-31B	224×224	83.5	79	15.3	295.5
Swin-B	224×224	83.5	88	15.4	226.2
RepLKNet-31B	384×384	84.8	79	45.1	97.0
Swin-B	384×384	84.5	88	47.0	67.9
RepLKNet-31B ‡	224×224	85.2	—	—	—
Swin-B ‡	224×224	85.2	—	—	—
RepLKNet-31B ‡	384×384	86.0	—	—	—
Swin-B ‡	384×384	86.4	—	—	—
RepLKNet-31L ‡	384×384	86.6	172	96.0	50.2
Swin-L ‡	384×384	87.3	197	103.9	36.2

注：‡ 表示 ImageNet-22K 预训练。

4.5.3 语义分割

本节采用前述预训练好的模型作为 UperNet[134] 的主干模型，用于 Cityscapes 和 ADE20K 语义分割数据集。Cityscapes 实验采用 MMSegmentation[120] 默认的 80000 次迭代的训练配置，ADE20K 实验采用 MMSegmentation 默认的 160000 次迭代的训练配置。

Cityscapes 数据集的结果如表 4.7 所示，FLOPs 按照 1024×2048 的输入来计算，mIoU 按照单尺度（single-scale）和多尺度（multi-scale）来测试。由表 4.7 可见，ImageNet-1K 预训练的 RepLKNet-31B 取得的 mIoU 明显超越 Swin-B 且参数量和 FLOPs 更低，甚至超越了 ImageNet-22K 上预训练的 Swin-L，实现了跨模型量级、跨数据量级的超越。

表 4.7 Cityscapes 语义分割结果和对比

主干模型	方法	单尺度 mIoU/%	多尺度 mIoU/%	参数量/M	FLOPs/B
RepLKNet-31B	UperNet[134]	83.1	83.5	110	2315
ResNeSt-200[135]	DeepLabv3[136]	—	82.7	—	—
Axial-Res-XL[137]	Axial-DL[137]	80.6	81.1	173	2446
Swin-B	UperNet	80.4	81.5	121	2613
Swin-B	UperNet + DP[138]	80.8	81.8	121	—
ViT-L ‡	SETR-PUP[139]	79.3	82.1	318	—
ViT-L ‡	SETR-MLA[139]	77.2	—	310	—
Swin-L ‡	UperNet	82.3	83.1	234	3771
Swin-L ‡	UperNet + DP[138]	82.7	83.6	234	—

注：‡ 表示 ImageNet-22K 预训练。

ADE20K 数据集上的语义分割实验结果如表 4.8 所示，ImageNet-1K 预训练模型的 FLOPs 按照输入为 2048×512 来计算，ImageNet-22K 预训练模型的 FLOPs 按照 2560×640 来计算，这是为了保证与 Swin Transformer 的计算方法相同从而确保对比公平。实验结果表明，RepLKNet-31B 在 ImageNet-1K 和 22K 预训练的情况下都超越了 Swin-B。

4.5.4 目标检测

本节在 COCO 目标检测数据集[19] 上采用 RepLKNet 作为 FCOS[141]

和 Cascade Mask R-CNN[142-143] 的主干模型，并采用 MMDetection[144] 提供的默认训练配置。FLOPs 按照 1280×800 的输入分辨率来计算。

表 4.8 ADE20K 语义分割结果和对比

主干模型	方法	单尺度 mIoU/%	多尺度 mIoU/%	参数量/M	FLOPs/B
RepLKNet-31B	UperNet[134]	49.9	50.6	112	1170
ResNet-101	UperNet	43.8	44.9	86	1029
ResNeSt-200[135]	DeepLabv3[136]	—	48.4	113	1752
Swin-B	UperNet	48.1	49.7	121	1188
Swin-B	UperNet +[138]	48.4	50.1	121	—
ViT-Hybrid	DPT-Hybrid[140]	—	49.0	90	—
ViT-L	DPT-Large[140]	—	47.6	307	—
ViT-B	SETR-PUP[139]	46.3	47.3	97	—
ViT-B	SETR-MLA[139]	46.2	47.7	92	—
RepLKNet-31B ‡	UperNet	51.5	52.3	112	1829
Swin-B ‡	UperNet	50.0	51.6	121	1841
RepLKNet-31L ‡	UperNet	52.4	52.7	207	2404
Swin-L ‡	UperNet	52.1	53.5	234	2468
ViT-L ‡	SETR-PUP	48.6	50.1	318	—
ViT-L ‡	SETR-MLA	48.6	50.3	310	—

注：‡ 表示 ImageNet-22K 预训练。

如表 4.9 所示，RepLKNet 取得的 mAP（AP^{box}）比 ResNeXt-101[31] 高 4.4，同时参数量更少、FLOPs 更低。与 Swin Transformer 相比，RepLKNet 的 mAP 相当或更高，且参数量更少、FLOPs 更低。

表 4.9 COCO 目标检测结果和对比

主干模型	方法	AP^{box} /%	AP^{mask} /%	参数量 /M	FLOPs /B
RepLKNet-31B	FCOS	47.0	—	87	437
ResNeXt-101-64x4d	FCOS	42.6	—	90	439
RepLKNet-31B	Cascade Mask R-CNN	52.2	45.2	137	965

续表

主干模型	方法	AP^{box} /%	AP^{mask} /%	参数量 /M	FLOPs /B
ResNeXt-101-64x4d	Cascade Mask R-CNN	48.3	41.7	140	972
ResNeSt-200[135]	Cascade R-CNN[143]	49.0	—	—	—
Swin-B	Cascade Mask R-CNN	51.9	45.0	145	982
RepLKNet-31B ‡	Cascade Mask R-CNN	53.0	46.0	137	965
Swin-B ‡	Cascade Mask R-CNN	53.0	45.8	145	982
RepLKNet-31L ‡	Cascade Mask R-CNN	53.9	46.5	229	1321
Swin-L ‡	Cascade Mask R-CNN	53.9	46.7	254	1382

注：‡ 表示 ImageNet-22K 预训练。

4.6 讨论

4.6.1 有效感受野

上文的实验已经证明了大卷积核可以显著提升卷积神经网络的精度，特别是在下游任务上。那么，为什么传统卷积神经网络包含数十甚至上百层小尺寸的卷积层，如 ResNet[10]，其下游任务性能却远不如较浅的大卷积核模型呢？一项关于有效感受野[110] 的研究表明，有效感受野的尺寸与 $k\sqrt{n}$ 成正比，式中 k 是卷积核尺寸，n 是深度，即卷积层的数量。也就是说，增大卷积核尺寸比增加深度更能有效扩大有效感受野。

为验证这一点，本节采用 ImageNet 上预训练好的 ResNet-101/152 和前述的 RepLKNet-13/31 分别作为小卷积核模型和大卷积核模型的代表，ImageNet 验证集的前 50 幅图片缩放到 1024×1024，用这 50 幅图片求得每个模型的有效感受野。为了将有效感受野可视化，本节借鉴一项先前的工作[145]，采用一种简单有效的方法。简单来讲，要点在于为每个模型求得一贡献值矩阵，记作 $\boldsymbol{A}$（1024×1024），其中每个元素介于 0 与 1 之间，其数值大小代表输入图像上的对应像素对最后一层输出的特征图的中间一点的贡献大小。具体来说，令 $\boldsymbol{I}$（$N\times3\times H\times W$）表示输入图像，$\boldsymbol{O}$（$N\times C\times H'\times W'$）表示最终输出的特征图，需要度量的是 $\boldsymbol{I}$ 中的每个像素对 $\boldsymbol{O}$ 的中间一点也就是 $\boldsymbol{O}_{:,:,H'/2,W'/2}$ 的贡献。这可以通过求出 $\boldsymbol{O}_{:,:,H'/2,W'/2}$ 对 $\boldsymbol{I}$ 的偏导数来实现，在现代深度学习框架中是很容易的。求出偏导数之后，除去其负数部分，记为 $\boldsymbol{P}$。然后对所有 50 幅图片的 3 个输入通道求和，即可聚合为一个 1024×1024 矩阵。然后对每个元素加 1 并取对数，使其值变为非负数，并增强其可视化效果，即

$$\boldsymbol{P} = \max\left(\frac{\partial(\sum_i^N \sum_j^C \boldsymbol{O}_{i,j,H'/2,W'/2})}{\partial \boldsymbol{I}}, 0\right) \tag{4.1}$$

$$\boldsymbol{A} = \log_{10}\left(\sum_i^N \sum_j^3 \boldsymbol{P}_{i,j,:,:} + 1\right) \tag{4.2}$$

然后将四个模型的 $\boldsymbol{A}$ 矩阵各自除以其最大值，使其最小值为 0、最大值为 1。

如图 4.4 所示，深色区域越大、分布越均匀，表示有效感受野越大。ResNet-101 的高贡献值像素集中在图片的中部，外围的像素贡献值很小，这说明其有效感受野很小。与 ResNet-101 相比，ResNet-152 的情况相似，表明其更多的 3×3 卷积层并没有明显增大有效感受野。与之形成鲜明对比的是，RepLKNet-13 的高贡献值像素分布更均匀，表明模型对外围像素关注更多。RepLKNet-31 的卷积核尺寸更大，高贡献值像素分布也更加均匀，表明有效感受野很大。

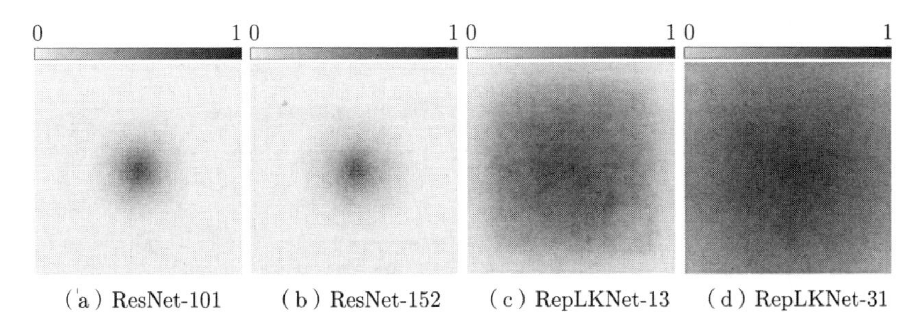

（a）ResNet-101　（b）ResNet-152　（c）RepLKNet-13　（d）RepLKNet-31

图 4.4　ResNet-101/152 和 RepLKNet-13/31 的有效感受野

4.6.2　形状偏好

一项最近的研究工作[146] 表明，视觉 Transformer 与人类视觉系统更相像，理由是其进行推理时更多地依据物体的整体形状，然而卷积神经网络更多依赖局部的纹理。本节沿用其方法和工具[147] 来求得前文所述的用 ImageNet-1K 或 ImageNet-22K 预训练的 RepLKNet-31B 和 Swin-B 的

形状偏好，即模型依据形状做出的预测所占的比例。本节采用两个小卷积核的卷积神经网络作为基线模型，分别是前文所述的 RepLKNet-3 和 ResNet-152。

如图 4.5 所示，离散的点表示模型对 16 个类别的物体的形状偏好，竖直实线代表平均值。由图 4.5 可见，RepLKNet 的形状偏好比 Swin Transformer 更显著。考虑到 RepLKNet 和 Swin Transformer 的宏观架构相似，可以认为形状偏好主要取决于有效感受野，而非 Transformer 中自注意力机制的具体形式。这解释了 ViT[68] 的高形状偏好[146]（因为 ViT 是在全局尺度内进行自注意力运算）和 Swin Transformer 的低形状偏好（因为 Swin 是在局部窗口内进行自注意力运算）。这也可以解释为什么 RepLKNet-3 和 ResNet-152 的形状偏好非常接近（在图中两条竖线几乎重合），因为两个模型都使用 3×3 卷积。

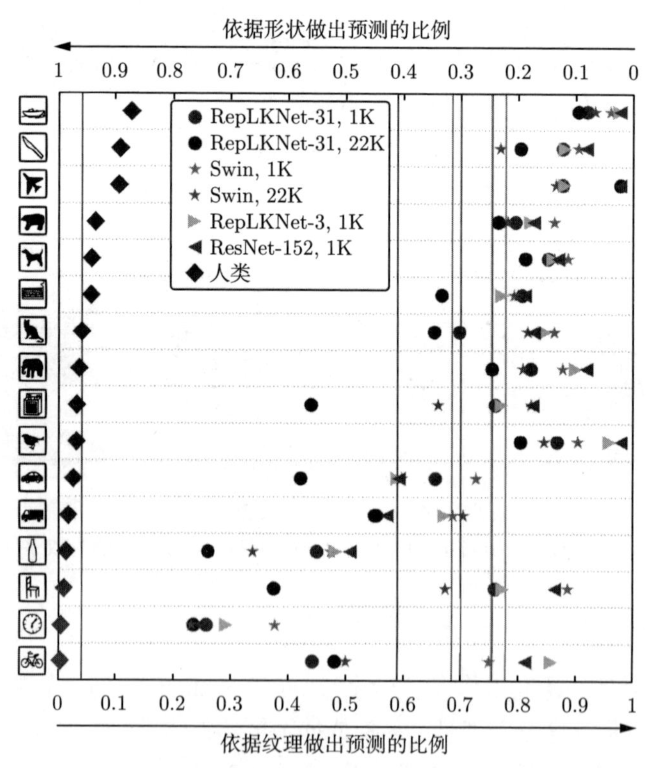

图 4.5 RepLKNet、Swin-B 和 ResNet-152 的形状偏好（见文前彩图）

4.7　本章小结

本章重新探索了现代卷积神经网络中的大卷积核设计，结果表明，用少量大卷积核构建的模型效果超过传统的应用大量小卷积核的模型，特别是在下游任务上。通过一系列探索实验，本章提出了应用大卷积核的五条准则，基于这些准则提出了基本组件 RepLKB 和相应的架构 RepLKNet，并验证了大卷积核在图像分类、语义分割和目标检测任务上的有效性。

第 5 章　用于通道剪枝的向心随机梯度下降算法

5.1　本 章 引 言

在过去数年间，学术界和工业界在通道剪枝技术上投入了相当的精力。由于在卷积神经网络中普遍存在的冗余性[37,148-152]，如果对卷积神经网络进行剪枝，可能会得到更好的精度—效率之间的平衡。一些早期工作[45,51-52,153-154]通过人为设计的各种指标来估计滤波器的重要性，直接剪掉一些滤波器，并用剩余的滤波器重新构建网络。然而，尽管那些剪掉的滤波器在某种意义上不那么重要，但它们也不是完全冗余的，因此模型精度会因剪枝重构操作而降低。此外，目前主流的神经网络架构中包含复杂的结构，如短路链接[10]和稠密链接[24]，这种结构使得一些层必须以与其他层完全相同的模式进行剪枝，这就产生了一个重要的难题：受约束通道剪枝。这一问题是对通道剪枝技术的严峻挑战：不同卷积层中的重要滤波器通常处于不同的位置，因此一些重要的滤波器不得不由于约束而被剪掉。为了减少剪枝对精度的负面影响，另一系列方法[49-50,155-158]试图在剪枝之前先采用某种方法将一些滤波器变得较小，即令其参数变得接近 0，其中代表性的方法为 Group Lasso 正则项[159]。这种方法背后的原理相当直观：剪掉滤波器在数学上等价于将其所有参数置为 0，如果那些被剪掉的参数已经被提前减小了，模型在剪枝重构操作中受到的损害就会变小。本章将这一范式称为“滤波器归零”。然而，如 Group Lasso 等方法并不能真正地将滤波器的所有参数变成 0，而只是在一定程度上将其变得更接近 0，即减小其范数，因此剪枝重构操作仍然会造成精度损失，故仍然需要进行微调[49-50,155]。

本章注意到，将滤波器归零可以视为在模型中产生一种冗余模式，本章称其为归零冗余模式。虽然一些滤波器变得比以前更冗余（即范数更小），但仍然不是纯粹冗余的（范数大于 0），所以这种归零冗余模式是不理想的。本章意图在卷积神经网络中产生一种冗余模式用于通道剪枝，但是与非理想的归零冗余模式不同，本章意在制造一种理想冗余模式，也就是说将一些滤波器变得完全冗余，因而剪掉它们不会对模型精度产生任何损害。在这个意义上，可以说这种冗余模式是理想的。

为了产生这种理想冗余模式，本章提出通过一种特殊的优化算法，将多个滤波器逐渐变得完全相同，也就是说使其卷积核参数在参数超空间中逐渐重合为一点，称为趋同冗余模式，其优点有三：

（1）与滤波器归零方法相比，这样产生的冗余模式是理想的，剪枝重构操作不会降低精度，故不需要微调。

（2）这一优化算法以模型的原目标函数为监督，模型的精度会得以保持。

（3）与基于滤波器重要性估计的剪枝方法相比，这一做法不需要关于模型的启发式知识，也不需要人为定义滤波器的重要性指标。

图 5.1展示的是趋同冗余模式和归零冗余模式的区别。在这一示例中，输入有 2 个通道，两个卷积层分别有 4 个和 6 个滤波器。归零冗余模式如图 5.1（a）所示，假设第 1 层的第 3 个滤波器被归零，也就是说第 3 个滤波器的参数张量中的所有参数都变得接近零，$\boldsymbol{W}^{(1)}_{3,:,:,:} \approx 0$，那么第 3 个输出通道会变得接近于零，即 $\boldsymbol{O}^{(1)}_{:,3,:,:} \approx 0$。这意味着第 2 层的每个滤波器的第 3 个输入通道变得无关紧要。在剪枝重构操作中，第 1 层的第 3 个滤波器和第 2 层的每个滤波器的第 3 个输入通道被移除。相应的趋同冗余模式如图 5.1（b）所示，假设第 1 层的第 3 个和第 4 个滤波器因某种约束而趋同直到变得完全相同，此时虽然第 1 层的第 3 个和第 4 个输

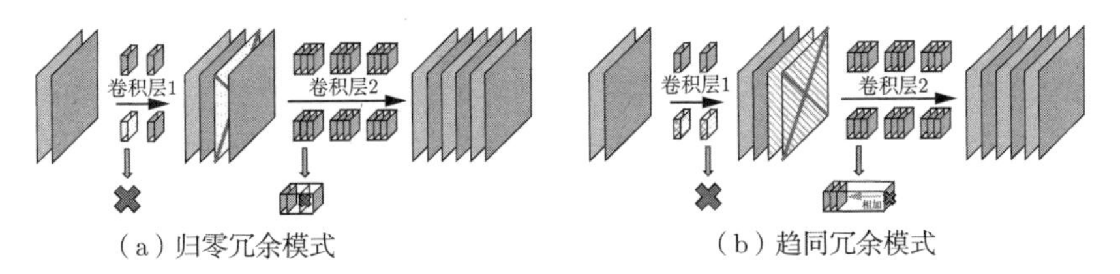

（a）归零冗余模式　（b）趋同冗余模式

图 5.1　归零冗余模式和趋同冗余模式的对比

出通道变得完全相同了，但第 2 层的每个滤波器的第 3 个和第 4 个输入通道的表征能力是不受约束的，其中包含的信息仍然可以得到充分利用。在剪枝操作中，只要移除第 1 层的第 4 个滤波器，然后将第 2 层的每个滤波器的第 4 个输入通道的参数叠加到第 3 个通道上即可。

从这一例子不难看出，如果几个滤波器被训练成完全相同的，由于卷积的线性，可以只保留这些滤波器中的一个，并把下一层的几个相应输入通道的参数叠加成一个输入通道。这是一种数学上等价的变换，不会对精度造成任何损害。从训练过程来看，可以约束多个滤波器在参数超空间中相互靠近。虽然这些滤波器的输出变得越来越相似，但其下一层的相应输入通道的参数不受任何约束，仍可以充分发挥表征能力。本章称这种约束为向心约束。与之相比，在归零冗余模式中，那些逐渐变小的滤波器的输出通道越来越接近 0，这些接近 0 的通道所对应的下一层的输入通道的参数变得越来越无关紧要[50]，所以模型的表征能力会大幅降低。此外，本章还发现，与没有这种人为制造的冗余模式的模型相比，使用趋同冗余模式训练可以得到更高的精度。

在图 5.2所示的例子中，为将一个有 8 个滤波器的卷积层剪到 4 个滤波器，需首先根据滤波器的参数值，在参数超空间中将其分为 4 个聚类。例如，对于输入通道为 64 的 3×3 卷积层，每个滤波器有 $3 \times 3 \times 64 = 576$ 个参数，因而超空间的维数是 576。在 C-SGD 训练过程中，每个聚类中的滤波器变得越来越相似，最终完全相同，也就是说在参数超空间中逐渐重合为一点。当训练完成后，每个聚类只保留一个滤波器，并如图 5.1所示调整其后继的层即可。

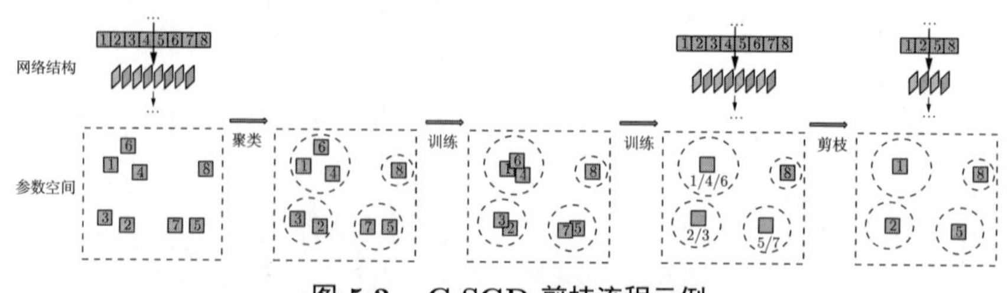

图 5.2　C-SGD 剪枝流程示例

本章的贡献可总结如下：

（1）本章首次提出了在卷积神经网络中通过一种特殊的优化方法将

一些滤波器变得完全相同，从而产生理想的冗余模式。该方法可以解决复杂模型中的受约束通道剪枝问题。本章提出了一种基于矩阵乘法的高效实现，使得该方法引入的额外计算开销可以忽略不计。

（2）作为一项理论贡献，本章表明使用 C-SGD 从头开始训练的、具有趋同冗余模式的模型的精度高于没有这种冗余的模型。这一发现可能有助于关于神经网络收敛性与冗余性的研究[43,56]。

（3）本章提出一种新的方法论，称为“宽度浓缩”，来提高卷积神经网络的精度。给定一个模型的目标宽度，该方法首先训练一个比目标宽度更宽的模型，然后通过 C-SGD 将其“浓缩”到目标宽度。

5.2　相关工作

大量研究工作[44,93,160-164]已经表明，可以从神经网络中移除相当一部分参数而不造成显著的精度下降。然而，这样不会使参数张量变得更小，只会使其更稀疏，在没有专用软件和硬件平台支持的情况下，这种稀疏化并不会产生加速效果。相比之下，通道剪枝方法可以移除整个滤波器而不是零散的参数，从而将较宽的卷积层变窄，显著降低 FLOPs、内存占用和功耗。

通道剪枝方法中的一种主流范式是通过某种方式估计滤波器的重要性，然后选择和剪掉不重要的滤波器，以最小化精度损失。一些早期工作分别通过分类精度损失（classification accuracy reverse，CAR）[153]、一种基于泰勒展开式的度量标准[52]、滤波器范数的大小[45]和输出特征图中零值的比例（average percentage of zeros，APoZ）[51]来衡量滤波器的重要性。另一种范式则是在某些约束条件下训练网络，使某些滤波器归零[49-50,155-157]。

本章注意到，先前工作有一些不足之处。①对于基于滤波器重要性估计的方法而言，滤波器的重要性标准缺乏理论依据，也很难从理论上判断不同标准孰优孰劣。②整个滤波器的移除是对模型结构的显著破坏，用常规的方法一次剪掉多个滤波器会使精度大大降低，所以一般每次只剪掉一层或几层[51,155]，甚至每次只剪掉一个或几个滤波器[52,153]。在现代非常深的卷积神经网络上，这样的剪枝过程可能会非常耗时。除了耗时以外，逐层或逐滤波器的剪枝方法在估计滤波器重要性时，还会遇到误差逐层传播和放大的问题[152]，使重要性估计变得不准确。③许多方法在剪枝重构后需要一次或多次微调来补偿模型的精度[50-52,155]。然而，一项著名研究[53]发现，与从头开始训练的小模型相比，剪枝并微调一个大模型得到的精度不一定更高，因为剪枝后的模型在微调时容易陷入较差的局部极小值。④基于正则化训练的方法可能会带来显著的额外计算开销。例如，Group Lasso[159]需要进行大量较慢的平方根运算。⑤许多方法无法解决ResNet 等复杂模型上的受约束通道剪枝问题，所以这些方法只能剪一些容易剪的层来回避这个难题[45-46,48]。一些工作[45,156]尝试根据其他层的滤波器重要性来剪那些受约束的层以满足约束条件，但取得的精度较低。

相比之下，本章提出的 C-SGD 的优点是：

（1）不需要关于滤波器重要性的启发式知识。

（2）能够同时对所有卷积层进行剪枝。

（3）不需要微调。

（4）与普通 SGD 相比，额外计算量可以忽略。

（5）可以用在复杂模型上对所有层进行全局剪枝。

5.3 向心随机梯度下降

5.3.1 通道剪枝的符号表示

本章沿用 1.4节所约定的符号系统。在需要区分不同的卷积层时，本章用 i 表示卷积层的序号，否则省略这一序号。为方便起见，当卷积层后有 BN 时，本章将二者视为一个整体，用一个五元组 $\boldsymbol{P}^{(i)} = (\boldsymbol{W}^{(i)}, \mu^{(i)}, \sigma^{(i)}, \gamma^{(i)}, \beta^{(i)})$ 表示其全部参数。在下文中，用 j 表示滤波器序号，某一层的第 j 个滤波器指的是这一层的参数中与第 j 个输出通道对应的部分。本章用 $\boldsymbol{F}$ 表示某层的一个滤波器，即

$$\boldsymbol{F}^{(j)} = (\boldsymbol{W}_{j,:,:,:}, \mu_j, \sigma_j, \gamma_j, \beta_j) \tag{5.1}$$

对某个卷积层中的某些滤波器的剪枝操作包括以下步骤：首先，决定剪掉哪一些滤波器；其次，移除卷积核中的相应参数；最后，同样地处理

BN 的参数 $\mu, \sigma, \gamma, \beta$。例如，基于滤波器重要性估计的方法[45,51-52,152-153]首先定义滤波器的重要性标准，用其标准来决定选择哪些滤波器：用 $\mathcal{I}_i$ 表示卷积层 i 的所有滤波器的序号的集合（例如，如果第 2 层有 4 个滤波器，那么 $\mathcal{I}_2 = \{1,2,3,4\}$），$f$ 表示滤波器的重要性度量函数，θ_i 表示阈值，那么，剩余滤波器集合（即没有被剪掉的滤波器的序号集合）可以表示为

$$\mathcal{R}_i = \{j \in \mathcal{I}_i \mid f(\boldsymbol{F}^{(j)}) > \theta_i\} \tag{5.2}$$

把原滤波器参数中对应于集合 $\mathcal{R}_i$ 的部分保留，作为剪枝后该层的参数，记作 $\hat{\boldsymbol{P}}^{(i)}$。也就是说

$$\hat{\boldsymbol{P}}^{(i)} = (\boldsymbol{W}^{(i)}_{\mathcal{R}_i,:,:,:}, \mu^{(i)}_{\mathcal{R}_i}, \sigma^{(i)}_{\mathcal{R}_i}, \gamma^{(i)}_{\mathcal{R}_i}, \beta^{(i)}_{\mathcal{R}_i}) \tag{5.3}$$

对应地调整下一层的卷积核，只保留对应于 $\mathcal{R}_i$ 的输入通道，BN 参数不变，如图 5.1所示，

$$\hat{\boldsymbol{P}}^{(i+1)} = (\boldsymbol{W}^{(i+1)}_{:,\mathcal{R}_i,:,:}, \mu^{(i+1)}, \sigma^{(i+1)}, \gamma^{(i+1)}, \beta^{(i+1)}) \tag{5.4}$$

如此得到的 $\hat{\boldsymbol{P}}^{(i)}$ 和 $\hat{\boldsymbol{P}}^{(i+1)}$ 即为剪枝后的模型中这两层的参数。

5.3.2 C-SGD 更新规则

本节介绍 C-SGD 的更新规则，并对其性质进行一些讨论。后续小节将对其进行一些直观的说明。

对于需要剪枝的每一个卷积层，人为指定剪枝后的宽度，然后将其滤波器聚成若干类。本章使用 $\mathcal{C}_i$ 和 $\mathcal{H}$ 分别表示第 i 层的所有滤波器聚类的集合和其中的某一特定聚类，后者的形式是其中滤波器序号的集合。因为每个聚类最后只保留一个滤波器，所以在进行聚类时，给定的类数量即为剪枝后的滤波器数量，下文称为目标宽度。本章采用的聚类方法包括以下三种：

（1）K 均值聚类。自然地，我们希望类内距离（intra-cluster distance）越小越好。为此，只要简单地将每个滤波器对应的卷积核参数视为其特征向量用于 K 均值算法进行聚类即可。

（2）均匀聚类。这种聚类方法完全不考虑滤波器的内在性质，而是将滤波器均匀地划分为若干类。也就是说，如果用 c_i 和 r_i 分别表示原滤波

器个数和目标宽度，那么每个类中最多有 $\lceil c_i/r_i \rceil$ 个滤波器。例如，如果第 2 层有 6 个滤波器，那么为了将其剪到 4 个滤波器，均匀聚类可以表示为 $\mathcal{C}_2 = \{\mathcal{H}_1, \mathcal{H}_2, \mathcal{H}_3, \mathcal{H}_4\}$，其中 $\mathcal{H}_1 = \{1,2\}, \mathcal{H}_2 = \{3,4\}, \mathcal{H}_3 = \{5\}, \mathcal{H}_4 = \{6\}$。

（3）不平衡聚类。这种聚类方式将 $c_i - r_i + 1$ 个滤波器放进一个类，其他所有滤波器各自为一类。沿用上面的例子，如果使用不平衡聚类的话，就应该有 $\mathcal{H}_1 = \{1,2,3\}, \mathcal{H}_2 = \{4\}, \mathcal{H}_3 = \{5\}, \mathcal{H}_4 = \{6\}$。

实验证明，K 均值聚类效果最好，另外两种聚类方法也能得到可接受的效果。在后文中，除非另有说明，否则默认使用 K 均值聚类。为表示方便，本章用 $H(j)$ 表示包含滤波器 j 的聚类。例如，在上面的不平衡聚类的例子中，应有 $H(3) = \mathcal{H}_1$ 及 $H(6) = \mathcal{H}_4$。

对某一卷积层，用 $\boldsymbol{F}^{(j)}$ 指代滤波器 j 的任意参数（可以是卷积核，也可以是 BN 参数），L 表示原目标函数，τ 表示学习率，η 表示原权值衰减（weight decay）因子，ϵ 表示 C-SGD 引入的唯一一个超参，称为向心强度，那么 C-SGD 的更新规则可以表示为

$$
\begin{aligned}
\boldsymbol{F}^{(j+1)} &= \boldsymbol{F}^{(j)} + \tau \Delta \boldsymbol{F}^{(j)} \\
\Delta \boldsymbol{F}^{(j)} &= -\frac{\sum\limits_{k \in H(j)} \frac{\partial_L}{\partial_{\boldsymbol{F}^{(k)}}}}{|H(j)|} - \eta \boldsymbol{F}^{(j)} + \epsilon \left(\frac{\sum\limits_{k \in H(j)} \boldsymbol{F}^{(k)}}{|H(j)|} - \boldsymbol{F}^{(j)} \right)
\end{aligned} \tag{5.5}
$$

这一更新规则的原理很直观：对于同一聚类中的几个滤波器，它们的从目标函数导出的增量被平均了（第一项），除了一般的权值衰减以外（第二项），它们的初始值的差异被逐渐消除（最后一项），因此几个滤波器的差值会变得越来越小，也即在参数超空间中互相靠近，产生趋同的冗余模式。

下面介绍这种冗余模式的度量方式。令 $\mathcal{L}$ 表示所有层的序号的集合，也就是说，如果模型一共有 3 个卷积层的话，$\mathcal{L} = \{1,2,3\}$。本章使用类内平方偏差和来度量类内相似性，即每个聚类中的滤波器有多么靠近，用 χ 表示：

$$
\chi = \sum_{i \in \mathcal{L}} \sum_{j \in \mathcal{I}_i} \| \boldsymbol{W}_{j,:,:,:}^{(i)} - \frac{\sum\limits_{k \in H(j)} \boldsymbol{W}_{k,:,:,:}^{(i)}}{|H(j)|} \|_2^2 \tag{5.6}
$$

由式 (5.5) 不难看出，在学习率 τ 不变的情况下，随着训练的进行，χ 将会单调地变小。

在实际应用中，与常规 SGD 类似，只需固定 η 并逐渐减小学习率 τ。显而易见的是，ϵ 值越大，滤波器的趋同约束就会越强，就会越快变得完全相同。如果 ϵ 太大，例如 10，滤波器会立刻变得完全相同。如果 ϵ 非常小，比如 10^{-10}，那么 C-SGD 和常规 SGD 之间的差异将会很小，其效应在很长一段时间内都不显著。但是，因为每个聚类中的滤波器之间的差异在单调地减小，所以即使是非常小的 ϵ 也可以使滤波器足够接近到可以令剪枝重构操作不造成精度损失的地步，只不过要训练的迭代次数更多而已。在这个意义上，可以说这种趋同冗余模式是理想的。

5.3.3　C-SGD 的直观解释

本节借助与权值衰减的类比来直观地解释 C-SGD 的更新规则。图 5.3 展示的例子是三维损失函数等值线（contour）图。用 A 表示图中任意一点，其对应的二维参数记作 $\boldsymbol{a}(a_1, a_2)$。假定最速下降方向是 $\overrightarrow{\boldsymbol{AQ}_0}$，那么根据梯度下降原理，有 $\overrightarrow{\boldsymbol{AQ}_0} = -\dfrac{\partial L}{\partial \boldsymbol{a}}$，式中 L 表示原目标函数。在机器学习领域中，权值衰减是一种常用的缓解过拟合的方法[165]，其对应的下降方向是指向原点的，即 $\overrightarrow{\boldsymbol{AQ}_1} = -\eta \boldsymbol{a}$，式中 η 是权值衰减系数。显然，在权值衰减的作用下，实际的梯度下降方向就变成了 $\Delta \boldsymbol{a} = \overrightarrow{\boldsymbol{AQ}_2} = \overrightarrow{\boldsymbol{AQ}_0} + \overrightarrow{\boldsymbol{AQ}_1} = -\dfrac{\partial L}{\partial \boldsymbol{a}} - \eta \boldsymbol{a}$。

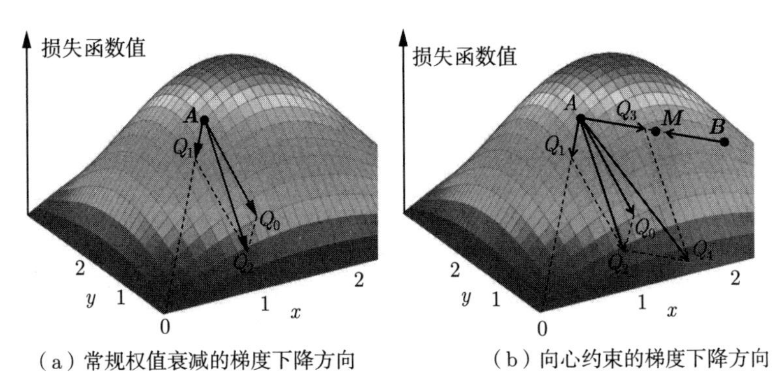

（a）常规权值衰减的梯度下降方向　（b）向心约束的梯度下降方向

图 5.3　损失函数等值线图上的梯度下降方向示例

再假设有任一点 B，其对应的二维参数记作 $\boldsymbol{b}(\boldsymbol{b}\_1, \boldsymbol{b}\_2)$，如果希望通过梯度下降让 A 和 B 点互相靠近，一个自然的思路是将两点都推向它们的中点 $M\left(\dfrac{\boldsymbol{a}+\boldsymbol{b}}{2}\right)$。在这种情况下，$A$ 点的梯度下降方向就变成了

$$\Delta \boldsymbol{a} = \overrightarrow{\boldsymbol{AQ}_2} + \overrightarrow{\boldsymbol{AQ}_3} = -\frac{\partial L}{\partial \boldsymbol{a}} - \eta \boldsymbol{a} + \epsilon \left(\frac{\boldsymbol{a}+\boldsymbol{b}}{2} - \boldsymbol{a}\right) \tag{5.7}$$

式中，ϵ 为一个控制 A 和 B 互相靠近的程度的超参，即上文所介绍的向心强度。

与之类似，对于 B 点，也有

$$\Delta \boldsymbol{b} = -\frac{\partial L}{\partial \boldsymbol{b}} - \eta \boldsymbol{b} + \epsilon \left(\frac{\boldsymbol{a}+\boldsymbol{b}}{2} - \boldsymbol{b}\right) \tag{5.8}$$

如果希望 A 和 B 点变得越来越接近，不仅仅只是比原来靠近，而是最终完全相同，那就需要进一步的改进。

首先，先形式地定义“完全相同”。令 t 代表训练迭代次数，“完全相同”的含义可以表示为

$$\lim_{t\to\infty} \|\boldsymbol{a}^{(t)} - \boldsymbol{b}^{(t)}\| = 0 \tag{5.9}$$

即

$$\lim_{t\to\infty} \|\boldsymbol{a}^{(t+1)} - \boldsymbol{b}^{(t+1)}\| = 0 \tag{5.10}$$

再考虑到 $\boldsymbol{a}^{(t+1)} = \boldsymbol{a}^{(t)} + \tau\Delta\boldsymbol{a}^{(t)}$ 和 $\boldsymbol{b}^{(t+1)} = \boldsymbol{b}^{(t)} + \tau\Delta\boldsymbol{b}^{(t)}$，则式 (5.10) 等价于

$$\lim_{t\to\infty} \|(\boldsymbol{a}^{(t)} - \boldsymbol{b}^{(t)}) + \tau(\Delta\boldsymbol{a}^{(t)} - \Delta\boldsymbol{b}^{(t)})\| = 0 \tag{5.11}$$

为了实现这一点，本章的出发点是同时满足以下两点：

$$\lim_{t\to\infty} (\Delta\boldsymbol{a}^{(t)} - \Delta\boldsymbol{b}^{(t)}) = 0 \quad 且 \quad \lim_{t\to\infty} (\boldsymbol{a}^{(t)} - \boldsymbol{b}^{(t)}) = 0 \tag{5.12}$$

也就是说，随着两点互相靠近，其梯度应该也变得越来越接近，以便于收敛。但是，这里就发现了问题所在：仅根据式 (5.7) 和式 (5.8)，有

$$\Delta\boldsymbol{a}^{(t)} - \Delta\boldsymbol{b}^{(t)} = \left(\frac{\partial L}{\partial \boldsymbol{b}^{(t)}} - \frac{\partial L}{\partial \boldsymbol{a}^{(t)}}\right) + (\eta+\epsilon)(\boldsymbol{b}^{(t)} - \boldsymbol{a}^{(t)}) \tag{5.13}$$

但是无法保证 $\lim\limits_{t\to\infty}\left(\dfrac{\partial L}{\partial \boldsymbol{b}^{(t)}}-\dfrac{\partial L}{\partial \boldsymbol{a}^{(t)}}\right)=0$，所以式 (5.12) 无法通过式 (5.7) 和式 (5.8) 来满足。值得注意的是，即便 $\boldsymbol{a}=\boldsymbol{b}$ 也无法保证 $\dfrac{\partial L}{\partial \boldsymbol{a}}=\dfrac{\partial L}{\partial \boldsymbol{b}}$。要解释这一点，只需设想一个模型，其可以表示为 $\boldsymbol{y}=\boldsymbol{C}(\boldsymbol{A}\boldsymbol{x})+\boldsymbol{D}(\boldsymbol{B}\boldsymbol{x})$，即便 $\boldsymbol{A}=\boldsymbol{B}$ 也不能保证 $\dfrac{\partial L}{\partial \boldsymbol{A}}=\dfrac{\partial L}{\partial \boldsymbol{B}}$，因为 $\boldsymbol{C}\neq\boldsymbol{D}$。对于卷积层而言，即便两个滤波器的参数完全相同、输出完全相同，但是其输出会与下一层的不同参数相作用，因而在常规 SGD 中，这两个滤波器的梯度是无法保证相同的。

本章提出的 C-SGD 通过直接修改梯度流，创造性地平均化从目标函数导出的梯度而解决了这一难题。为了简单性和对称性起见，只要将式 (5.7) 中的 $\dfrac{\partial L}{\partial \boldsymbol{a}}$ 和式 (5.8) 中的 $\dfrac{\partial L}{\partial \boldsymbol{b}}$ 都替换为 $\dfrac{1}{2}\left(\dfrac{\partial L}{\partial \boldsymbol{a}}+\dfrac{\partial L}{\partial \boldsymbol{b}}\right)$ 即可。这一改动既保留了从目标函数导出的梯度中的与模型精度有关的监督信息，又满足了式 (5.11)。直观地看来，这一改动既根据 $\boldsymbol{b}$ 的信息而偏离了 $\boldsymbol{a}$ 的梯度下降方向，又根据 $\boldsymbol{a}$ 的信息而偏离了 $\boldsymbol{b}$ 的梯度下降方向，正如常规的权值衰减将 $\boldsymbol{a}$ 和 $\boldsymbol{b}$ 都偏向坐标原点一样。

综上所述，可得

$$\Delta\boldsymbol{a}=-\frac{1}{2}\left(\frac{\partial L}{\partial \boldsymbol{a}}+\frac{\partial L}{\partial \boldsymbol{b}}\right)-\eta\boldsymbol{a}+\epsilon\left(\frac{\boldsymbol{a}+\boldsymbol{b}}{2}-\boldsymbol{a}\right)\tag{5.14}$$

$$\Delta\boldsymbol{b}=-\frac{1}{2}\left(\frac{\partial L}{\partial \boldsymbol{a}}+\frac{\partial L}{\partial \boldsymbol{b}}\right)-\eta\boldsymbol{b}+\epsilon\left(\frac{\boldsymbol{a}+\boldsymbol{b}}{2}-\boldsymbol{b}\right)\tag{5.15}$$

不难看出，式 (5.14)、式 (5.15) 正是 C-SGD 更新规则式 (5.5) 的简化形式。

5.3.4　C-SGD 的高效实现

现代神经网络训练和部署平台的效率高度依赖于大规模张量计算，因而本节提出 C-SGD 的一种基于矩阵乘法的高效实现，相对于常规 SGD 而言，其额外计算开销可以忽略。具体来讲，给定某一卷积层，卷积核 $\boldsymbol{W}\in\mathbb{R}^{D\times C\times K_h\times K_w}$ 和梯度 $\dfrac{\partial L}{\partial \boldsymbol{W}}$，用 $\boldsymbol{M}$ 表示任一可训练参数所变形成的矩阵。例如，卷积核 $\boldsymbol{W}$ 应变形为 $\boldsymbol{M}\in\mathbb{R}^{K_hK_wC\times D}$，其梯度以相同的

变形方式得到 $\dfrac{\partial L}{\partial \boldsymbol{M}}$。然后只要构造平均化矩阵 $\boldsymbol{\Gamma} \in \mathbb{R}^{D\times D}$ 和衰减矩阵 $\boldsymbol{\Lambda} \in \mathbb{R}^{D\times D}$ 如式 (5.17) 和式 (5.18) 所示，则不难验证，式 (5.16) 所示的矩阵乘法形式的更新规则等价于式 (5.5) 所示的朴素形式的更新规则。显然，当聚类的数量等于滤波器的数量时，式 (5.16) 就会退化为常规的 SGD，因为 $\boldsymbol{\Gamma} = \mathrm{diag}(1)$ 且 $\boldsymbol{\Lambda} = \mathrm{diag}(\eta)$。BN 中的可训练参数 γ 和 β 也变形为 $\boldsymbol{M} \in \mathbb{R}^{1\times D}$ 并以相同的方式处理即可。在实验中，观察到 C-SGD 和常规 SGD 的效率几乎相同。

$$\boldsymbol{M} \leftarrow \boldsymbol{M} - \tau\left(\frac{\partial L}{\partial \boldsymbol{M}}\boldsymbol{\Gamma} + \boldsymbol{M}\boldsymbol{\Lambda}\right) \tag{5.16}$$

$$\boldsymbol{\Gamma}_{m,n} = \begin{cases} \dfrac{1}{|H(m)|}, & H(m) = H(n) \\ 0, & \text{其他} \end{cases} \tag{5.17}$$

$$\boldsymbol{\Lambda}_{m,n} = \begin{cases} \eta + \epsilon - \dfrac{\epsilon}{|H(m)|}, & m = n \\ -\dfrac{\epsilon}{|H(m)|}, & m \neq n,\ H(m) = H(n) \\ 0, & \text{其他} \end{cases} \tag{5.18}$$

5.3.5 C-SGD 训练后的剪枝重构

C-SGD 训练后，模型中产生了理想的冗余模式，每个聚类中的滤波器都已经变得完全相同，在每个聚类中选择留下任何一个滤波器都没有差别，所以只要选择序号最小的一个即可。也就是说，第 i 层的剩余滤波器集合是

$$\mathcal{R}_i = \{\min(\mathcal{H}) \mid \forall \mathcal{H} \in \mathcal{C}_i\} \tag{5.19}$$

对于其后继卷积层，只要把那些将要被移除的输入通道的参数叠加到留下的那个输入通道上即可，如图 5.1所示，有

$$\boldsymbol{K}^{(i+1)}_{:,k,:,:} \leftarrow \sum \boldsymbol{K}^{(i+1)}_{:,H(k),:,:} \quad \forall k \in \mathcal{R}_i \tag{5.20}$$

然后移除第 i 层的冗余滤波器和第 $i+1$ 层的对应输入通道即可，如式 (5.3) 和式 (5.4) 所示。由于卷积的线性，这一操作是数学上等价的，不会损害模型的精度，故不需要微调。

5.3.6 用 C-SGD 解决受约束剪枝问题

尽管大量早期工作[51-52,58,151-152]已经表明，简单架构的卷积神经网络如 AlexNet[8] 和 VGGNet[9] 可以进行大幅剪枝而不造成明显的精度损失，但是在精度和效率的平衡上，这些剪枝后的经典模型仍无法匹敌更先进、更复杂的卷积神经网络，如 ResNet[10] 和 DenseNet[24]。其原因有三：首先，这些新式模型的设计本身就考虑了计算效率，这使其天然具有紧凑性和高效性；其次，这些模型比经典模型更深，因此逐层剪枝的开销过大，而且在估计滤波器的重要性时，误差会随着深度增加而急剧放大，导致滤波器重要性的估计失准[152]；最后，这些新式模型中大量使用了不利于剪枝的结构，例如 ResNet 中的短路链接和 DenseNet 中的稠密链接，这产生了受约束通道剪枝这一开放问题。

例如，在 ResNet 的每个阶段（stage）中，第一个残差块的输出与投影层（即该阶段开始时的 1×1 卷积）的输出相加作为第二个残差块的输入；从第二个残差块开始，每个残差块都将学到的残差叠加到前一个残差块的输出上。因此，每个残差块的最后一层都必须以与投影层相同的模式进行剪枝，也就是说，前者和后者的剩余滤波器集合 $\mathcal{R}$ 必须相同，否则各层的输出通道的对应关系会被破坏，模型将直接崩溃。本章中将每个阶段的投影层称为标杆层，将那些必须与标杆层剪枝模式相同的层称为跟从层。

这种约束是对传统的基于滤波器重要性估计的方法的严峻挑战，因为标杆层和跟从层中的重要滤波器通常位于不同的位置。由于这种约束的存在，很可能必须要剪掉某些层中的重要滤波器。直观的解释如图 5.4 所示。在这一示例中，投影层的输出特征图有 8 个通道，每个通道表示为 $\boldsymbol{C}_{\text{in}}^{(j)} \in \mathbb{R}^{H\times W}, 1 \leqslant j \leqslant 8$。残差块的输出，即其最后一个卷积层的输出，与输入 $\boldsymbol{C}_{\text{in}}^{(j)}$ 相加，即 $\boldsymbol{C}_{\text{out}}^{(j)} = \boldsymbol{C}_{\text{in}}^{(j)} + \boldsymbol{C}_{\text{res}}^{(j)}, \forall 1 \leqslant j \leqslant 8$。在对这种有相加关系的结构进行剪枝时，一个重要的约束条件是不能破坏剩余通道的对应关系，因此第一层和最后一层的剪枝模式必须相同。不然如图 5.4 所示，如果剪掉第一层的第 7 个滤波器和最后一层的第 2 个滤波器，对应关系就会变成 $\boldsymbol{C}_{\text{out}}^{(2)} = \boldsymbol{C}_{\text{in}}^{(2)} + \boldsymbol{C}_{\text{res}}^{(3)}$，$\boldsymbol{C}_{\text{out}}^{(6)} = \boldsymbol{C}_{\text{in}}^{(6)} + \boldsymbol{C}_{\text{res}}^{(7)}$ 等。这种对应关系破坏了，模型就会因为结构剧变而完全崩溃。

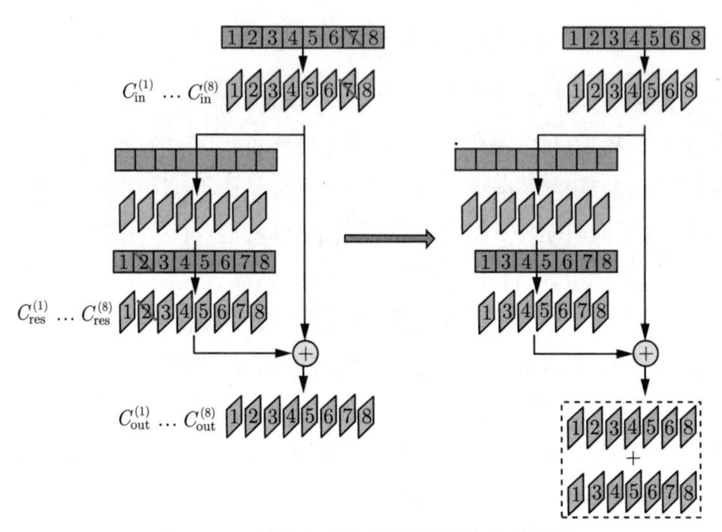

图 5.4 受约束通道剪枝问题的直观解释

在一些早期探索中，Li 等[45] 通过只剪 ResNet-56 上的内部层（即每个残差块中的第一层）来回避这个问题。Liu 等[46] 和 He 等[48] 也跳过这些难以剪枝的层，并在内部层之前插入一个额外的采样层，以减少输入通道。从整体的视角来看，这些网络并没有“整体瘦身”，而只是被“局部裁剪”了，如图 5.5 所示。

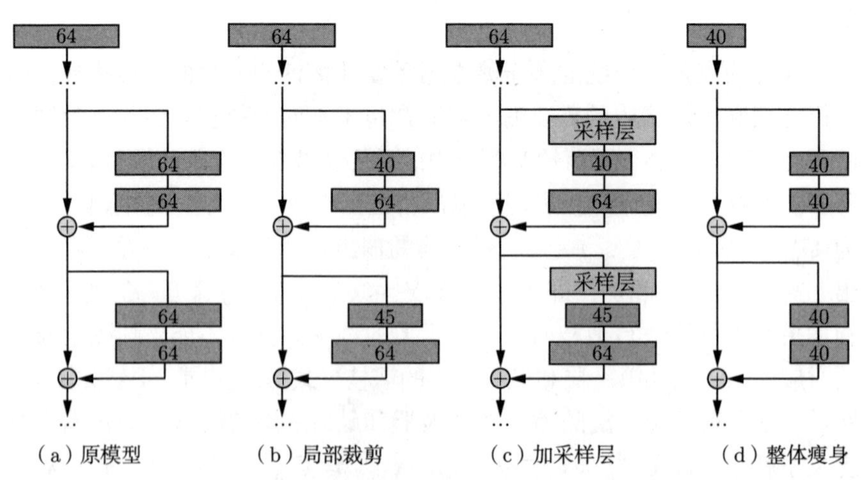

图 5.5 C-SGD 的“整体瘦身”和其他方法的“局部裁剪”示意图

本章用 C-SGD 创造性地解决了这个问题，其中的关键在于令不同的层学习相同的冗余模式。例如，如果层 p 和层 q 必须以相同的模式进行剪枝，那就可以只通过某种方式为层 p 生成聚类，并将生成的聚类结果直接赋给层 q，即 $\mathcal{C}_q \leftarrow \mathcal{C}_p$。这样，在 C-SGD 训练过程中，$p$ 和 q 层的滤波器就会产生相同的冗余模式。也就是说，如果 p 层的第 j 个和第 k 个滤波器变得相同，一定能确保 q 层的第 j 个和第 k 个滤波器也变得相同，这样就可以在不造成精度损失的前提下对这种有约束的层进行剪枝。

图 5.6展示了 C-SGD 在 ResNet 上进行受约束剪枝的解决方案，其

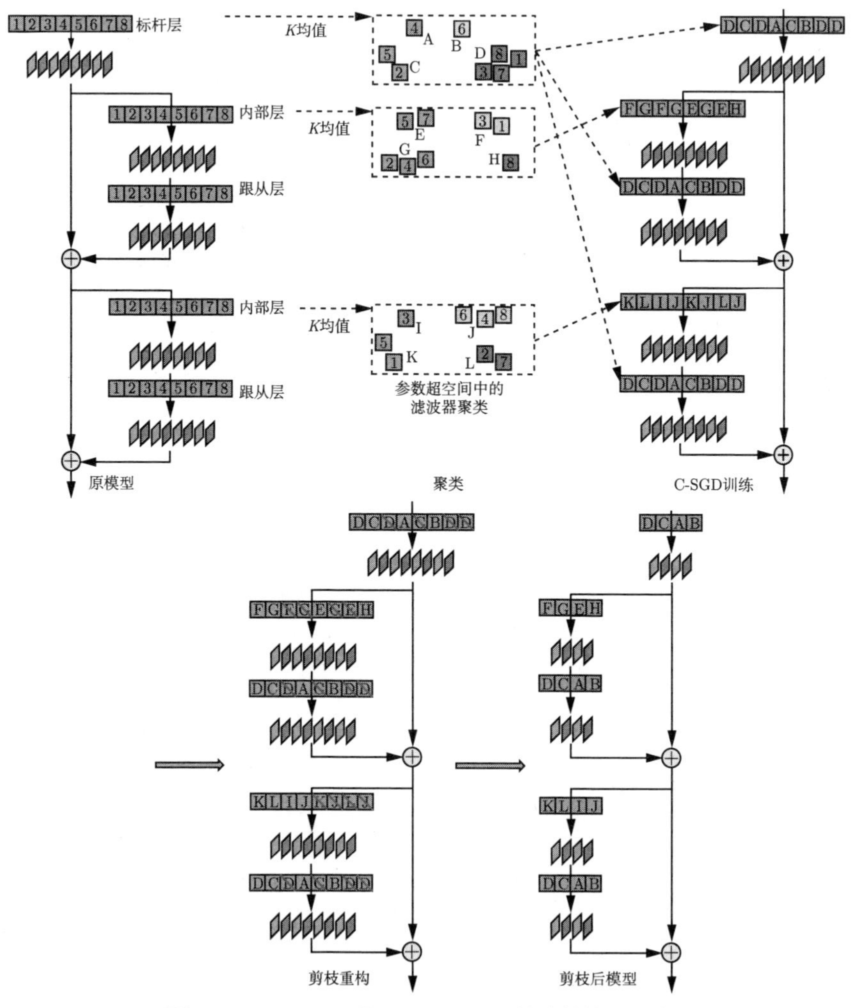

图 5.6　C-SGD 用于 ResNet 整体剪枝的示意图

中每个矩形代表一个滤波器，菱形代表特征图通道，大写字母代表一个聚类，用同一个字母标记的不同滤波器会在 C-SGD 训练期间变得完全相同。为便于可视化，此图中假设每层有 8 个滤波器；又因为每个卷积层后均有 BN，故将卷积和 BN 视为一个整体。箭头表示将标杆层的聚类结果直接赋予跟从层，以使得跟从层和标杆层产生相同的冗余模式。

图 5.7 展示了 C-SGD 在 DenseNet 上进行受约束剪枝的解决方案。

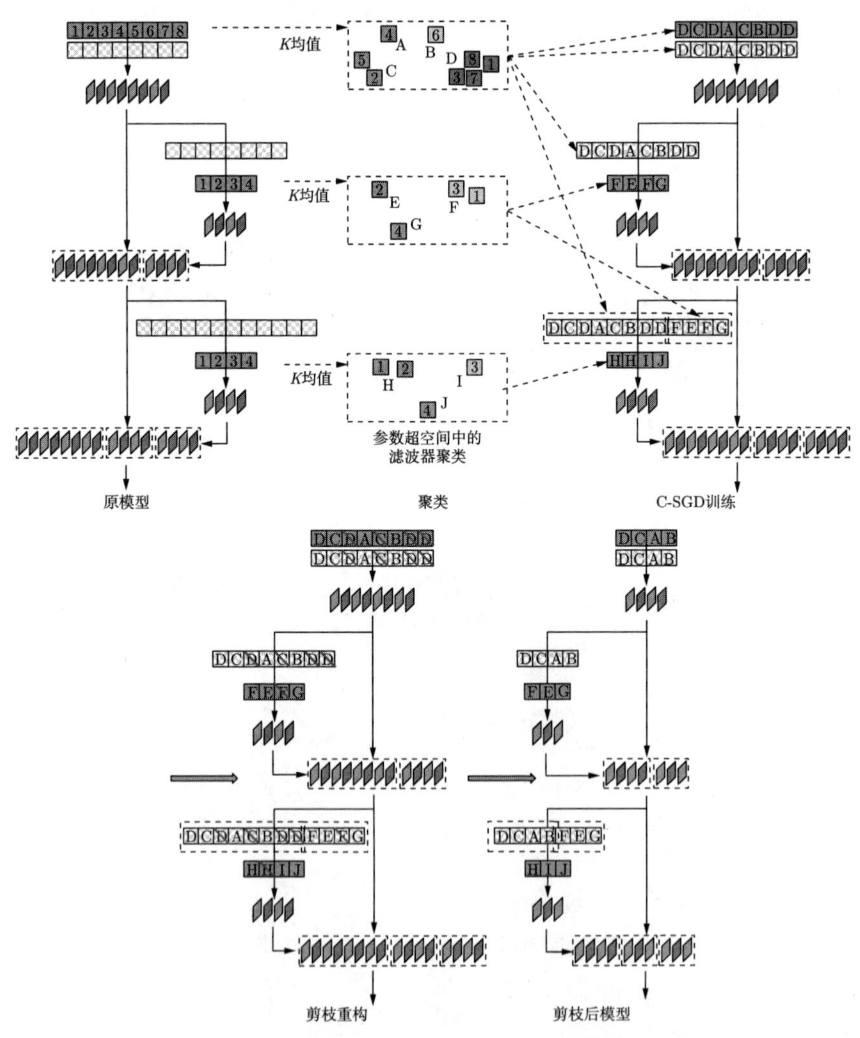

图 5.7 C-SGD 用于 DenseNet 整体剪枝的示意图

此图中假设该 DenseNet 的增长率（growth rate）为 4。考虑到 DenseNet 中将 BN 放在卷积之前，故对其分别考虑和处理。图中棋盘状背景的矩形即代表 BN 层。由于稠密链接的存在，每个卷积层的输出可能是多于一个 BN 层的部分输入，所以需要为每个卷积层生成聚类之后，将聚类结果赋予其后的这些 BN 层以使其对应通道的 γ 和 β 参数产生相同的冗余模式。也就是说，标杆层是卷积层，跟从层是其后的 BN 层（该 BN 层直接以标杆层的输出为输入，如图中第 1 个和第 2 个 BN 层）或 BN 层的部分通道（该 BN 层的输入中只有一部分来自该卷积层，如图中第 3 个 BN 层的前 8 个通道的标杆层是第 1 个卷积层，后 4 个通道的标杆层是第 2 个卷积层）。

5.4　宽度浓缩：一种基于 C-SGD 的训练方法论

本章提出了一种基于 C-SGD 的训练方法论以在模型结构不变的前提下提升其性能，称为宽度浓缩。宽度浓缩包含以下两个步骤。

（1）扩宽：给定一个卷积神经网络架构，从头开始用常规 SGD 训练一个与原架构拓扑相同但是宽度更宽的模型。自然地，这个较宽的模型的表征能力将会比原模型更强，但是参数量和计算量也会更大。

（2）浓缩：使用 C-SGD 将训练好的较宽模型“浓缩”为原模型的结构。最终得到的模型的精度将会低于较宽的模型，但高于使用常规 SGD 训练得到的具有相同结构的模型。直观来看，当每个聚类中的滤波器被约束着互相靠近时，多个滤波器学到的表征会逐渐“浓缩”到聚类的中心，也就是被“挤压”进了最终得到的滤波器里，这样得到的模型的表征能力更强。

值得注意的是，实验结果表明，整体地扩宽和浓缩模型，也就是说把所有层（包括受约束的层）全部扩宽然后整体浓缩，比局部扩宽和浓缩（只扩宽和浓缩不受约束、容易进行剪枝的层）效果更好，这一发现也凸显了 C-SGD 解决受约束通道剪枝问题的意义。

宽度浓缩方法与传统的剪枝方法（简单地将较大的模型剪成较小的模型，然后微调）的关键区别在于，前者可以显著提高给定模型的性能，而后者的效果较差。Liu 等[53] 验证了几种剪枝方法[44-46,48,52,166] 并发现，在相同宽度下，通过剪枝获得的模型的精度并不高于从头开始训练的模型。作者认为，尽管剪枝后剩余的参数符合这些方法对于“重要参数”的定义，但将其继承到较窄的模型中并微调却并不一定能得到更高的精度，因为剪枝后的模型优化过程可能会陷入较差的局部极小值。与之形成对比的是，宽度浓缩方法基于 C-SGD，并不会根据参数的重要性来决定保留哪些参数，不会丢弃不重要的参数，剪枝重构过程不造成精度损失，更不需要对剪枝后的模型进行微调。相反，通过平均每个聚类中的滤波器的梯度（式 (5.5)），模型可以充分利用梯度中包含的信息来监督整个聚类的训练，更不容易陷入局部极小值。

需要注意的是，虽然宽度浓缩增加了训练成本，但这并不妨碍其实用性。这是因为在实际应用中，用户一般更关心推理时的精度和效率，而不是训练成本，开发者一般在算力强大的工作站上训练模型，并将其部署到多个前端设备上。通过宽度浓缩得到的模型虽然精度更高，但结构与正常训练的模型完全相同，因此推理开销完全相同。

5.5 实验分析

本节报告的实验内容包括：① 在 CIFAR-10、ImageNet、COCO 目标检测和 VOC 语义分割数据集上使用常见基准模型进行剪枝实验并与其他工作对比，证明 C-SGD 的优异性能；②对 C-SGD 中不同聚类方法进行比较分析，表明 K 均值聚类效果较好；③通过对比实验，表明 C-SGD 优于滤波器归零方法，因为 C-SGD 收敛更快且产生的冗余模式是理想的；④在相同的训练配置下的一系列公平对照实验；⑤通过从头开始训练的实验，证明具有趋同冗余模式的模型优于没有这种冗余的模型，从而为冗余性可以帮助神经网络收敛的理论猜想提供了证据；⑥通过 ResNet 上的全局剪枝与局部剪枝的对比实验，充分凸显了 C-SGD 解决受约束通道剪枝问题的意义；⑦通过与基准模型对比，验证了宽度浓缩方法对于提高多种架构的精度的有效性。

5.5.1 CIFAR-10 剪枝实验

本节在 CIFAR-10 数据集上初步评估了 C-SGD 的剪枝效果，如表 5.1 所示。由于通道剪枝领域论文中采用的原模型精度可能各不相

表 5.1 CIFAR-10 上的剪枝结果

模型	结果	原正确率/%	剪枝后正确率/%	绝对/相对误差增量/%	FLOPs 压缩率/%	参数量压缩率/%	整体结构
VGG-16	Li 等[45]	93.25	93.40	−0.15 / −2.22	34.2	64.0	—
VGG-16	Network Slimming[46]	93.66	93.80	−0.14 / −2.20	51.0	88.5	—
VGG-16	Hu 等[167]	92.71	92.74	−0.03 / −0.41	56.2	84.0	—
VGG-16	GSFP[168]	93.25	93.29	−0.04 / 0.59	61.46	74.21	—
VGG-16	C-SGD-VGG-A	93.53	94.10	−0.57 / −8.80	61.69	86.28	—
VGG-16	Jiang 等[169]	93.46	93.40	0.06 / 0.91	67.6	92.7	—
VGG-16	Zhu 等[170]	93.58	93.31	0.27 / 4.20	68.75	88.23	—
VGG-16	Zhou 等[171]	91.0	90.6	0.4 / 4.44	71.42	97.44	—
VGG-16	2PFPCE[172]	92.98	92.76	0.22 / 3.13	74.83	74.53	—
VGG-16	C-SGD-VGG-B	93.53	93.78	−0.25 / −3.86	75.15	90.09	—
VGG-16	Huang 等[173]	92.77	89.37	3.40 / 47.02	80.6	92.8	—
VGG-16	Ding 等[156]	92.92	92.44	0.48 / 6.77	81.39	93.51	—
VGG-16	Singh 等[174]	93.49	93.02	0.47 / 7.21	83.43	95.83	—
VGG-16	C-SGD-VGG-C	93.53	93.59	−0.06 / −0.92	85.02	96.54	—
VGG-16	C-SGD-VGG-D	93.53	92.20	1.33 / 20.55	90.12	97.95	—
Res56	Li 等[45]	93.04	93.06	−0.02 / −0.28	27.60	13.7	只剪内部
Res56	Zhu 等[170]	93.39	93.40	−0.01 / −0.15	47.36	52.38	—
Res56	ADC[175]	92.8	91.9	0.9 / 12.5	50	—	加采样层
Res56	FPGM[176]	93.59	93.26	0.33 / 5.14	52.6	—	—

续表

模型	结果	原正确率/%	剪枝后正确率/%	绝对/相对误差增量/%	FLOPs压缩率/%	参数量压缩率/%	整体结构
Res56	LFPC[177]	93.59	93.24	0.35 / 5.46	52.9	—	—
Res56	AFP[156]	93.93	92.94	0.99 / 16.30	60.85	60.90	10-20-40
Res56	C-SGD-Res56-10-20-40	93.39	93.62	−0.23 / −3.47	60.85	60.90	10-20-40
Res110	Li 等[45]	93.53	93.30	0.23 / 3.55	38.60	32.4	只剪内部
Res110	NISP-110[152]	—	—	0.18 / —	43.78	43.25	—
Res110	GAL-0.5[178]	93.50	92.74	0.76 / 11.6	48.5	—	—
Res110	HRank[179]	93.50	93.36	0.14 / 2.15	58.2	—	—
Res110	C-SGD-Res110-10-20-40	94.38	94.41	−0.03 / −0.53	60.89	60.92	10-20-40
Res164	Network Slimming[46]	94.58	94.73	−0.15 / −2.76	44.90	35.2	加采样层
Res164	C-SGD-Res164-12-24-46	94.83	95.08	−0.25 / −4.83	45.24	54.75	12-24-46
Res164	C-SGD-Res164-10-20-40	94.83	94.81	0.02 / 0.38	60.91	60.93	10-20-40
Dense40	Network Slimming[46]	93.89	94.35	−0.46 / −7.52	55.00	65.2	—
Dense40	C-SGD-Dense40-5-8-10	93.81	94.56	−0.75 / 12.11	60.05	36.16	5-8-10
RepVGG	RepVGG-A0	92.19	91.94	0.25 / 3.2	60.92	60.84	—

同，此处使用绝对和相对误差增量作为精度的衡量标准。效率指标采用 FLOPs 的减少百分比，下文简称为 FLOPs 压缩率，压缩率越大，得到的模型越小。例如，对于本节采用的原 VGG-16[9] 模型，其正确率为 93.53%，而标记为 C-SGD-VGG-C 的结果的正确率为 93.59%，故绝对和相对误差增量分别为 $93.53\% - 93.59\% = -0.06\%$ 和 $\dfrac{-0.06}{100-93.53} = -0.92\%$。需要注意的是，负数的误差增量表示精度的提升。每次实验都从训练好的原模型开始，使用 K 均值对滤波器进行聚类，且在所有层上同时应用 C-SGD 训练，训练完后剪枝并测试精度。C-SGD 训练配置为：批尺寸为 64，单 GPU 上训练 600 轮，学习率初始化为 3×10^{-2} 并在 200 轮和 400 轮时分别乘以 0.1，向心强度 $\epsilon = 3\times10^{-3}$。

实验从 VGG-16 开始，其包含 13 个卷积层，每层后有 BN。为了与压缩率不同的其他方法的结果进行比较，实验采用标记 A~D 的四组目标宽度配置，从而分别达到 60%、75%、85%和 90%左右的压缩率，如表 5.2 所示。例如，标记为 C-SGD-VGG-C 的模型的 13 层分别有 20、50、80、80、80、80、80、60、60、60、60、60、60 个滤波器，大约减少了 85%的 FLOPs。CIFAR-10 上的实验结果证明了 C-SGD 的优越性：在压缩率为 75.15%时，模型精度反而提升了 0.25%；即便压缩率达到了 85%，模型的精度也没有下降。此前的部分工作虽然也能在剪枝的同时提高 VGG-16 的精度，但效果不及 C-SGD。

表 5.2　VGG-16 剪枝的四组目标宽度配置

层序号	原宽度	A	B	C	D
1	64	20	20	20	20
2	64	50	50	50	50
3	128	100	100	80	60
4	128	120	120	80	60
5~7	256	200	150	80	50
8	512	200	150	60	50
9~13	512	100	100	60	50

对于 ResNet，实验的目标是将每一层剪到原来的 5/8 以实现约 60%的参数和 FLOPs 压缩率（因为 $1-(5/8)^2 \approx 61\%$）。由于原 ResNet-

56/110/164 有三个阶段且每阶段的宽度分别为 16、32 和 64，所以将其原结构表示为 16-32-64，将目标结构表示为 10-20-40。尽管这样的剪枝幅度很大，模型的精度也没有出现明显下降。一个重要的发现是，从 ResNet-56 到 ResNet-164，深度的增加并不会妨碍 C-SGD 的应用，这显示出了 C-SGD 相对于逐层剪枝方法的优越性。表中“只剪内部”和“加采样层”表示整体宽度仍然是 16-32-64，但是只剪残差块的内部层，或者插入采样层时则如图 5.5 所示。另外，为了达到与 Liu 等[46] 的结果相当的压缩率，本节也以 12-24-46 为目标宽度对 ResNet-164 进行了剪枝并进行了比较。

DenseNet-40 包含三个阶段，增长率为 12%。实验将目标模型的这三个阶段中的增长卷积层（即那些增加了特征图通道的卷积层）的宽度从 12 分别剪到 5、8 和 10，从而使总的 FLOPs 减少了 60.05%。观察到剪枝后的模型精度提高了，这一结果与 Liu 等的结果[46] 一致，但提升的幅度更大。

在 RepVGG 上进行剪枝实验。实验采用 RepVGG-A0。为了与 CIFAR-10 的分辨率适配，将其第 2、4、5 个阶段的步长设为 1，使最终的特征图尺寸为 8×8。为实现约 60%的压缩率，将每一层剪到原宽度的 5/8，最终精度为 91.94%，仅比原模型降低 0.25%。

5.5.2 ImageNet 剪枝实验

在 ImageNet 上，首先进行的是原版本 ResNet-50[10] 上的剪枝实验，结果如表 5.3 所示。

此外，注意到大量先前和同期工作使用 ResNet-50 的 torchvision[187] 版本作为基准模型，故本节也采用这一模型进行了另一组实验，记作 Res50B，结果展示在表 5.4 中。原始版本 ResNet-50 和 Res50B 之间的唯一区别是前者在一个阶段的第一个残差块中用 1×1 卷积进行下采样，而后者使用 3×3 卷积进行下采样。每次实验的训练配置是相同的：用 C-SGD 进行 70 轮训练，使用 8 个 GPU，每个 GPU 上的批尺寸为 32，学习率初始化为 0.03 且在第 30、50、60 轮分别将学习率乘以 0.1，权值衰减为 10^{-4}，向心强度 $\epsilon = 0.05$。

表 5.3 ImageNet 上原 ResNet-50 剪枝结果

结果	原正确率/%	原前五正确率/%	剪枝后正确率/%	剪枝后前五正确率/%	绝对/相对误差增量/%	绝对/相对前五误差增量/%	FLOPs压缩率/%	参数量压缩率/%
C-SGD-Res50-70	75.33	92.56	75.27	92.46	0.06 / 0.24	0.10 / 1.34	36.75	33.38
NISP[152]	—	—	—	—	0.89 / —	— / —	44.01	43.82
Singh 等[174]	—	92.65	—	92.2	— / —	0.45 / 6.13	44.45	40.92
C-SGD-Res50-60	75.33	92.56	74.93	92.27	0.40 / 1.62	0.29 / 3.89	46.24	42.83
CFP[180]	75.3	92.2	73.4	91.4	1.9 / 7.69	0.8 / 10.25	49.6	—
Channel Pr[48]	—	92.2	—	90.8	— / —	1.4 / 17.94	50	—
SPP[181]	—	91.2	—	90.4	— / —	0.8 / 9.09	50	—
HP[182]	76.01	92.93	74.87	92.43	1.14 / 4.75	0.50 / 7.07	50	32.5
ELR[183]	—	92.2	—	91.2	— / —	1 / 12.82	50	—
GDP[184]	75.13	92.30	71.89	90.71	3.24 / 13.02	1.59 / 20.64	51.30	—
SSR-L2[158]	75.12	92.30	71.47	90.19	3.65 / 14.67	2.11 / 27.40	55.76	51.56
DCP[185]	76.01	92.93	74.95	92.32	1.06 / 4.41	0.61 / 8.62	55.76	51.56
C-SGD-Res50-50	75.33	92.56	74.54	92.09	0.79 / 3.20	0.47 / 6.31	55.76	51.50
ThiNet[186]	75.30	92.20	72.03	90.99	3.27 / 13.23	1.21 / 15.51	55.83	—

表 5.4 ImageNet 上 Res50B 剪枝结果

结果	原正确率/%	原前五正确率/%	剪枝后正确率/%	剪枝后前五正确率/%	绝对/相对误差增量/%	绝对/相对前五误差增量/%	FLOPs压缩率/%	参数量压缩率/%
C-SGD-Res50B-70	76.15	92.87	75.94	92.88	0.21 / 0.88	−0.01 / −0.14	36.38	33.38
GAL-0.5 [178]	76.15	92.87	71.95	90.94	4.20 / 17.61	1.93 / 27.06	43.03	—
HRank [179]	76.15	92.87	74.98	92.33	1.17 / 4.90	0.54 / 7.57	43.76	—
C-SGD-Res50B-60	76.15	92.87	75.80	92.65	0.35 / 1.46	0.22 / 3.08	46.51	42.83
FPGM [176]	76.15	92.87	74.83	92.32	1.32 / 5.53	0.55 / 7.71	53.5	—
C-SGD-Res50B-50	76.15	92.87	75.29	92.39	0.86 / 3.60	0.48 / 6.73	55.44	51.50

对于原版本 ResNet-50，用于 C-SGD 剪枝的原模型的正确率为 75.33%。为了与 ThiNet 等工作的结果的公平对比，此处的实验也将内部层分别剪到原宽度的 70%、60%和 50%。

对于 Res50B，采用的原模型是 torchvision 的标准预训练模型。为对比公平，数据预处理方法也使用其默认配置[188]。可见，C-SGD 剪枝的模型精度和压缩率都更高。

在 DenseNet-121[24] 上，实验不考虑各层对剪枝的敏感性或滤波器的重要性，而是对每个阶段中的不同层应用相同的剪枝比率。对于 C-SGD-Dense121-A，所有内部层（即每个稠密链接块中的第一层）都剪到原宽度的 7/8，且将前三个阶段的增长率剪到分别为 18、20 和 24。对于 C-SGD-Dense121-B，将内部层剪到原宽度的 3/4，三个阶段的增长率仍然是 18、20 和 24。此处将较低的增长层剪得更多并不是基于任何先验知识，而仅仅是因为这样的较低的卷积层的输入分辨率更高，故将其剪掉减少的 FLOPs 更多。从表 5.5 中的结果可见，尽管 DenseNet-121 由于其复杂紧凑的结构而通常不被用于剪枝，C-SGD 也可以在精度略有降低的情况下对其进行大幅压缩。这再次揭示了 C-SGD 解决受约束通道剪枝问题的重要意义，以及相对应的具体策略（图 5.7）的有效性。

表 5.5 ImageNet 上 DenseNet-121 剪枝结果

结果	原正确率/%	原前五正确率/%	剪枝后正确率/%	剪枝后前五正确率/%	绝对/相对误差增量/%	绝对/相对前五误差增量/%	FLOPs压缩率/%	参数量压缩率/%
C-SGD-Dense121-A	74.47	92.14	74.25	91.76	0.22/0.86	0.38/4.83	34.65	21.53
C-SGD-Dense121-B	74.47	92.14	73.73	91.55	0.74/2.89	0.59/7.50	42.28	29.89

5.5.3 语义分割和目标检测

本节以语义分割和目标检测作为下游任务的代表，进一步验证 C-SGD 剪枝的泛化性能。

首先，使用增广的 VOC2012 数据集[189-190] 进行语义分割实验。这一数据集中包含 10582 张用于训练的图片和 1449 张用于验证的图片。实验中采用的语义分割框架为 PSPNet[191]，分别以原 Res50B 及 C-SGD 剪枝得到的 C-SGD-Res50B-70 和 C-SGD-Res50B-60 为主干模型。三个模型的训练配置完全相同：学习率初始值为 0.01，幂为 0.9 的多项式学习率策略，权值衰减为 10^{-4}，4 个 GPU，每个 GPU 上的批尺寸为 4，在增广 VOC2012 上训练 50 轮。

然后，采用上述三个主干模型继续进行 COCO 目标检测实验。具体来说，训练集是 COCO2017train，验证集是 COCO2017val。实验中采用的目标检测框架是 Faster R-CNN[5] + FPN[192]。训练配置是：学习率初始值为 0.02，训练 12 轮，在第 8 轮和第 11 轮将学习率分别乘以 0.1。

从表 5.6 中可见，C-SGD-Res50B-70 和 C-SGD-Res50B-60 主干模型在 VOC 上的 mIoU 和 COCO 上的 mAP 与原模型相当，可知 C-SGD 剪枝的模型的泛化性能优异。

表 5.6 剪枝后的 Res50B 在增广 VOC2012 上的语义分割和 COCO 上的目标检测结果

主干模型	ImageNet 正确率/%	VOC 上的 mIoU/%	COCO 上的 mAP/%
原 Res50B	76.15	76.29	33.2
C-SGD-Res50B-70	75.94	76.36	32.8
C-SGD-Res50B-60	75.80	75.78	33.1

5.5.4 聚类方法研究

为了研究不同滤波器聚类方法的区别，本节使用与前述相同的配置进行实验，唯一的区别在于将 K 均值聚类改为均匀或不平衡聚类。从表 5.7 中可见，由于 K 均值聚类产生的类内距离较小，即滤波器在参数超空间中的起始位置较为接近，其精度好于其他两种聚类方法。值得注意的是，即便使用任意生成的聚类都可以得到可接受的精度，这表明基于 C-SGD 的剪枝的性能并不显著依赖于滤波器聚类结果 $\mathcal{C}$ 的质量。

表 5.7　K 均值、均匀、不平衡聚类的剪枝后精度

数据集	模型	原正确率/%	K 均值聚类的剪枝后精度/%	均匀聚类的剪枝后精度/%	不平衡聚类的剪枝后精度/%
CIFAR-10	C-SGD-VGG-C	93.53	93.59	93.25	93.19
CIFAR-10	C-SGD-Res56-10-20-40	93.39	93.62	93.44	93.45
CIFAR-10	C-SGD-Dense40-5-8-10	93.81	94.56	94.37	93.94
ImageNet	C-SGD-Res50-70	75.33	75.27	75.14	74.93

5.5.5　趋同与归零冗余模式的对比

如前所述，以下两种方法均可以产生用于通道剪枝的冗余模式：令一些滤波器归零[49-50,151,155-156,158]，或令一些滤波器变得完全相同。本章将前者称为归零冗余模式，后者称为趋同冗余模式。

本节在 ResNet-56 上进行对照实验来研究这两种冗余模式的差异，分别用 Group Lasso 正则化[159] 和 C-SGD 制造两种冗余模式。为公平比较，实验需要在 C-SGD 训练的模型和带 Group Lasso 训练的另一个模型中产生相同数量的冗余滤波器。具体实验设定如下：

对于 C-SGD，每层都剪到原宽度的 5/8；对于 Group Lasso，将标杆层和内部层中的 3/8 的原滤波器加上 Group Lasso，并将跟从层以相同的模式处理。为了进行定量分析，本节分别使用前文提到的类内平方偏差和 χ（式 (5.6)）和归零余量平方和ϕ 作为冗余程度的度量。如下所示，设 $\mathcal{L}$ 为层序号的集合，$\mathcal{P}_i$ 为层 i 的将被剪掉的滤波器序号集合，即该层所有滤波器中占 3/8 的带有 Group Lasso 的集合，将 ϕ 定义为

$$\phi = \sum_{i\in\mathcal{L}} \sum_{j\in\mathcal{P}_i} \|\boldsymbol{K}^{(i)}_{j,:,:,:}\|_2^2 \tag{5.21}$$

两个模型采用相同的训练配置：训练轮数为 300，学习率初始值为 3×10^{-2}，在第 100 轮和第 200 轮分别乘以 0.1，其他配置与前述相同。图 5.8 展示的是 χ、ϕ 的曲线以及剪枝前后的验证集正确率，注意前者取了对数。观察到以下现象：

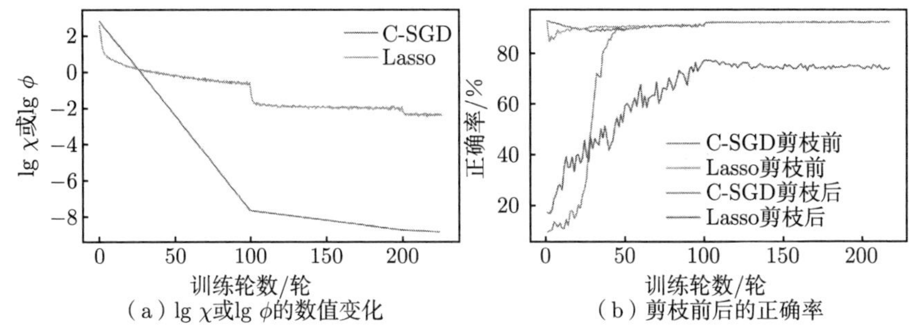

（a）lg χ或lg ϕ的数值变化　（b）剪枝前后的正确率

图 5.8　ResNet-56 上趋同和归零冗余模式的区别（见文前彩图）

（1）Group Lasso 并不能真正将滤波器中的每一个参数都变为 0，只能在一定程度上将其绝对值变小（接近 0）。这是因为当从 Group Lasso 正则化项导出的梯度接近从原目标函数导出的梯度时，ϕ 就会减慢下降的速度直至不再下降。图 5.8 中数据表明，即便 ϕ 达到约 $4\times10^{-4}\left(\text{初始值的 }\dfrac{1}{2\times10^6}\right)$时，剪枝仍然会造成明显的损害（精度下降 10%）。当学习率在第 200 轮减小时，可以观察到剪枝后的精度并没有提高，所以不再进行减小学习率或加强 Group Lasso 正则化的实验。

（2）在 C-SGD 训练中，χ 是单调减小的，意味着收敛更快。也就是说，在学习率恒定的情况下，每个聚类中的不同滤波器会以恒定的速率彼此接近。从“C-SGD 剪枝前”和“C-SGD 剪枝后”两条曲线在第 100 轮之前的差异可以看出，在训练的早期、聚类中的滤波器尚未变得足够接近时，剪枝还会造成精度降低。但是在 100 轮以后，剪枝完全不再造成精度损失。

另外，实验中观察到，由于需要较慢的平方根运算，Group Lasso 的训练比 C-SGD 慢 2 倍。

5.5.6　C-SGD 与其他剪枝方法的严格对比

本节在严格控制的公平对比条件下将 C-SGD 与其他通道剪枝方法进行对比，实验对象选择 CIFAR-10 上的 DenseNet-40[24]，目标结构是将每一增长卷积层剪到 3 或 6 个滤波器。所有的实验以不同的随机种子重复三次，将均值 ± 标准差曲线展示在图 5.9 中。C-SGD 训练的学习率为 3×10^{-3}，训练轮数为 600，在第 200、400、500 轮时分别将学习率乘以

0.1，其他训练配置与前述相同。对于标记为“范数”[45]、“APoZ”[51] 和“Taylor”[52] 的结果，将其模型分别以各自的重要性度量标准进行剪枝，然后以同样的配置微调 600 轮。标记为“Lasso”的模型首先带着 Group Lasso 正则项训练 600 轮，进行剪枝，然后再微调 600 轮。由于训练用时更长，这一比较其实是对 Lasso 更有利的。所有模型每隔 10000 次迭代（即 12.8 轮）在验证集上测试一次。

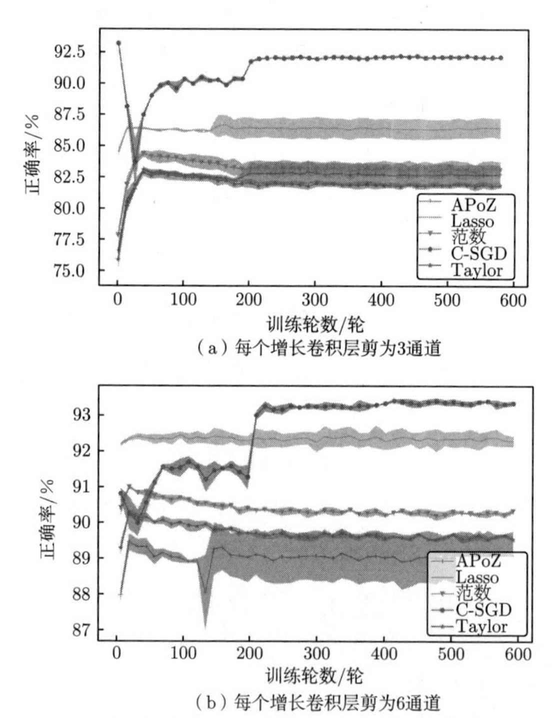

（a）每个增长卷积层剪为3通道

（b）每个增长卷积层剪为6通道

图 5.9 DenseNet-40 上的严格对比剪枝实验（见文前彩图）

从结果中不难看出，C-SGD 的优越性不只在于精度更高，还在于稳定性更好。虽然 Group Lasso 也确实能减小剪枝重构造成的精度损失，但其效果明显不如 C-SGD。另外，根据滤波器重要性进行剪枝和微调的模型在微调过程中表现出不稳定现象，且其精度曲线在微调开始时陡然上升但之后略微下降，这一发现与 Liu 等的研究[53] 一致，即模型陷入了较差的局部极小值点。

本节的发现表明，先在一个宽的模型中制造冗余模式，然后将其剪成较窄的模型比先剪枝后微调效果更好。一些先前工作[43,56] 指出模型中的冗余性对于解决模型的训练这一高度非凸优化问题至关重要。本节的实验结果与这一理论解释是一致的。

5.5.7 冗余训练与常规训练的对比

本节意在研究带着趋同冗余模式的训练与常规 SGD 训练有何区别。这一研究的关键在于消除原模型的影响，所以每个模型都是从头训练的。具体来讲，本节先用常规 SGD 训练一个较窄的模型，然后用 C-SGD 训练一个等效宽度模型并将其剪到与前者同一宽度。也就是说，在随机初始化之后，后者将在 C-SGD 训练中逐渐产生一些完全相同的滤波器，且聚类的数量与前者的宽度相同。例如，如果后者的宽度是前者的 2 倍但是每两个滤波器变得完全相同，那么就称其具有等效宽度。

具体来讲，在 DenseNet-40 上将每个增长卷积层的 12 个滤波器均匀分成 3 个聚类，用 C-SGD 从头开始训练，然后将模型剪成每层 3 滤波器，即每 4 个滤波器变得完全相同。作为对照，正常训练的 DenseNet-40 的每个增长卷积层有 3 个滤波器。在 VGG-16 上，每层的宽度设为原来的 1/2。在 ResNet-56 上，沿用此前的表示法，最终结构可表示为 10-20-40。在 ResNet-50 上，每个内部层剪到原来的 30%。从表 5.8 中可见，与常规 SGD 训练的等效宽度模型相比，趋同冗余模式确实可以提高精度。这一实验结果与趋同冗余模式的直观解释相一致（图 5.1）：尽管逐渐相互靠近的若干个滤波器受到了约束，但是其后一层的对应输入通道的参数是不受约束的，因而其表征能力更强。

表 5.8　从头训练的 SGD 常规模型与 C-SGD 冗余模型的精度

数据集	模型	SGD 常规训练模型精度/%	C-SGD 冗余训练模型精度/%
CIFAR-10	DenseNet-3	88.60	89.96
CIFAR-10	VGG-1/2	92.49	93.22
CIFAR-10	ResNet-56-10-20-40	91.78	92.81
ImageNet	ResNet-50-30	69.67	72.54

这一结果也表明，虽然通道剪枝一般是以一个已经训练好的模型为起始的，但当实际应用中并没有现成的训练好的模型时，也可以用 C-SGD 从头训练一个模型，并将其剪到指定宽度。这种做法得到的精度虽然低

于对一个训练好的模型进行剪枝得到的精度（如表 5.8 和表 5.1 所示，剪一个训练好的模型得到的 ResNet-56-10-20-40 精度为 93.62%，而如此从头训练精度为 92.81%），但也好于常规训练得到的模型。

5.5.8 “全局瘦身”和“局部裁剪”的对比

本节的实验结果表明，在模型原结构和剪枝后总 FLOPs 相当的前提下，“全局瘦身”比“局部裁剪”精度更高。具体来讲，实验目标是将 CIFAR-10 上的 ResNet-56 剪到与 C-SGD-Res56-10-20-40（表 5.1）相当的 FLOPs，但目标结构不同，即只剪残差块的内部层。为了达到 60%的 FLOPs 压缩率，将每一内部层剪到原宽度的 3/8。为便于表示其结构，用 $[x, y]$ 表示 ResNet 的一个阶段，这里 x 表示每个残差块第一层的宽度，y 表示每个残差块第二层的宽度。如表 5.9 所示，只剪内部层的精度明显更低，这表明在整体压缩率一定的情况下，全局剪枝比只剪某些层的效果更好。

表 5.9 ResNet-56“全局瘦身”和“局部裁剪”精度对比

	剪后宽度	正确率/%	FLOPs 压缩率/%
“全局瘦身”	[10,10]-[20,20]-[40,40]	93.62	60.85
“局部裁剪”	[6,16]-[12,32]-[24,64]	91.77	61.76

5.5.9 宽度浓缩

本章提出的宽度浓缩是一种基于 C-SGD 的提高卷积神经网络精度的方法论，最终得到的模型与常规训练得到的模型结构相同但精度更高。本节进行一系列实验以验证这一点。具体来讲，实验步骤是首先选择一种卷积神经网络架构，用常规 SGD 从头训练一个较宽的模型（“扩宽”），然后用 C-SGD 将其压缩到原宽度（“浓缩”）。

本节在 CIFAR-10 上采用的是 2 倍宽的 VGG-16，ImageNet 上采用的是 1.25 倍宽的 ResNet-50，在从头训练扩宽模型后，将 C-SGD 同时用于所有层，训练完后进行剪枝重构和测试。注意 ResNet-50 的每一层的宽度都是原来的 1.25 倍，包括标杆层和跟从层。然后，作为对比，进行另一组实验，将 ResNet-50 以不同的方式进行扩宽和压缩，即每一内部层都扩宽为原来的 2 倍。

从表 5.10 中可以看出，如此得到的浓缩模型精度显著高于常规训练

表 5.10 宽度浓缩实验结果

模型	结果	正确率/%	FLOPs	宽度
VGG-16	原模型	93.53	313M	64-128-256-512
VGG-16	2× 扩宽	93.69	1249M	128-256-512-1024
VGG-16	2× 浓缩	93.97	313M	64-128-256-512
ResNet-50	原模型	75.33	3.85B	64-[64-64-256]-[128-128-512]-[256-256-1024]-[512-512-2048]
ResNet-50	整体 1.25× 扩宽	76.97	5.99B	80-[80-80-320]-[160-160-640]-[320-320-1280]-[640-640-2560]
ResNet-50	整体 1.25× 浓缩	76.23	3.85B	64-[64-64-256]-[128-128-512]-[256-256-1024]-[512-512-2048]
ResNet-50	内部层 2× 扩宽	76.82	6.52B	64-[64-128-256]-[128-256-512]-[256-512-1024]-[512-1024-2048]
ResNet-50	内部层 2× 浓缩	75.88	3.85B	64-[64-64-256]-[128-128-512]-[256-256-1024]-[512-512-2048]

得到的基线模型。直观的解释是当一个聚类中的多个滤波器相互靠近时，其学到的表征被逐渐“浓缩”到了聚类中心，即最终得到的滤波器，故浓缩得到的模型精度更高。值得注意的是，全局 1.25 倍扩宽和浓缩的 ResNet-50 的精度高于只对内部层进行 2 倍扩宽和浓缩的 ResNet-50，尽管后者在扩宽后的 FLOPs 更高。这表明，全局宽度浓缩的效果好于只对局部进行宽度浓缩。这一发现再次揭示了 C-SGD 解决受约束通道剪枝问题的重要意义。

5.6 关于 C-SGD 效率的讨论

剪枝所需的总时间由以下几个因素决定：训练和微调的轮数、训练速度、其他算法（如果不是端到端训练的话）、剪枝粒度（每次剪的层数或滤波器数）。C-SGD 的高效性在于其不需要微调的优良性质、与常规 SGD 几乎相同的速度和同时剪所有层的能力。

C-SGD 不需要微调。如 5.5.5节所示，在 C-SGD 训练中，在学习率不变的前提下，每个聚类中的所有滤波器以恒定的速率相互接近。这一性质揭示了趋同冗余模式相对于归零冗余模式的优越性，因为后者并不能真正意义上的将滤波器参数全变为 0，只能在一定程度上减小其绝对值。因为 C-SGD 训练后的剪枝重构不造成任何精度损失，也就没有任何进行微调的需要，而微调在很多先前工作中都是必不可少的[45-46,48,50-52,152-155,166,175]。

在非常深的模型中，C-SGD 也可以一次性剪所有层。与一些需要逐层[48,51,155,166,175]甚至逐滤波器[52,153]进行剪枝的先前方法不同，C-SGD 可以同时剪所有层。很多先前工作不得不逐层剪枝是因为一次剪太多层对模型造成的破坏过大，使得微调再也无法恢复其精度。而且，滤波器之间的相对重要性经常受到其他层的影响[152]，一次剪连续的几层可能会导致对滤波器重要性的估计失准。与之形成鲜明对比的是，C-SGD 可以在所有层中同时制造冗余模式，进而一次性剪所有层。在实验中，即便在非常深的模型如 ResNet-164 和 DenseNet-121 上，剪枝重构前后的模型输出也是相同的，未观察到误差。

C-SGD 的额外计算量可忽略不计。在本章介绍的基于矩阵乘法的高效实现（式 (5.16)）中，平均化矩阵 $\boldsymbol{\Gamma}$ 和衰减矩阵 $\boldsymbol{\Lambda}$ 是根据聚类结果 $\mathcal{C}$

构造的常量，只要在构造完成后存放在内存/显存里即可，不需要每次迭代都构造。与常规 SGD 相比，对每次迭代中的每个卷积核张量，额外运算量仅仅是两次矩阵乘法。相对于一次迭代的总计算量而言，这一运算量可以忽略。在实验中，未观察到 C-SGD 和常规 SGD 的速度有区别。

5.7 本章小结

本章提出在卷积神经网络中制造趋同冗余模式用于通道剪枝，并提出了一种名为 C-SGD 的优化算法。C-SGD 解决了受约束通道剪枝问题，在剪枝性能上超越了大量其他方法，揭示了冗余性对训练过程的重要意义。基于 C-SGD，本章提出了一种名为宽度浓缩的卷积神经网络训练方法论，可以显著提升模型的精度。

第 6 章　基于结构变换的高精度通道剪枝方法

6.1　本 章 引 言

本章继续关注通道剪枝（或称滤波器剪枝）问题[①]，即通过减小卷积层的宽度（即通道/滤波器的数量）实现压缩和加速的效果。

由于卷积神经网络的表征能力依赖于其宽度，减小其宽度而又不造成精度降低具有本质的困难性。在 ResNet-50[10] 等现代实用卷积神经网络架构和 ImageNet[7] 等大规模数据集上，高压缩率的无损剪枝一直被认为极具挑战性。为了实现压缩率和精度之间的合理平衡，一种典型的通道剪枝范式是通过在卷积核上施加某种与参数大小相关的惩罚损失项（例如 Group Lasso[159]）来制造结构化的稀疏性（即某些通道的所有参数数值整体变小），然后再进行剪枝重构。在理想的情况下，如果部分滤波器的全部参数都变得足够小，那么剪枝后的模型的精度就不会降低，下文将之称为“完美剪枝”。需要注意的是，这里指的是与训练后、剪枝前的精度相同，但是带着这种惩罚损失项的训练过程本身可能会降低模型的精度。

对这种先训练、后剪枝的方法而言，考虑到训练阶段和剪枝重构都可能会降低精度，本章从两个方面来评价此类剪枝方法：

（1）抗剪性：训练阶段向模型中引入了一些剪枝需要的性质，如结构化稀疏性，这可能会降低模型的精度（下文称为训练损害）。这是因为优化目标函数被改变了，使参数偏离了原目标函数的最优点。如果一个模型在这种训练过程中维持较高的精度，本章称其具有高“抗剪性”。

① 通道和滤波器是同一概念，前者一般用在描述结构的语境下。第 5章主要从参数数值及其优化过程的视角看待剪枝问题，故多用滤波器一词；本章主要从结构视角出发，故多使用通道一词。

（2）可剪性：当训练结束后，对模型进行的剪枝重构操作也可能会降低模型的精度（下文称为重构损害）。此时，训练引入的性质（如结构化稀疏性）会使得模型精度受损较少。如果模型能在精度损失较少的情况下剪掉更多通道，本章称其具有高“可剪性”。

显然，业界期望一个优秀的通道剪枝方法同时具有高抗剪性和高可剪性。然而，传统的基于惩罚项的剪枝范式却具有本质的缺陷，无法兼得抗剪性和可剪性。以 Group Lasso 为例，如果惩罚项较强的话，产生的结构化稀疏率更高，训练损害就更大，抗剪性差；但如果惩罚项较弱，产生的稀疏率低，重构损害就更大，可剪性差。

本章提出了一种高精度通道剪枝方法 ResRep 以解决上述问题。这一方法受到了神经科学领域关于记忆和遗忘机制的研究成果的启发：大脑的记忆过程会激活一些突触和削弱另一些突触，可以类比为卷积神经网络的训练过程将一些参数变大，一些参数变小；大脑的遗忘机制会使得一些突触萎缩失活[193] 以节省神经系统的能量消耗和占用空间，这可以类比为卷积神经网络的剪枝。神经科学领域的研究表明，记忆和遗忘是相对独立的两个过程，分别由不同的机制和物质控制[194-196]。

受这种独立性的启发，本章提出解耦剪枝中的“记忆”和“遗忘”。这两者在传统的剪枝范式中是耦合的，因为这些方法为了通过训练过程达到精度和压缩率的平衡，必须让同样的卷积层的参数既参与“记忆”（计算目标函数，导出对应的梯度并更新，维持精度不降低）又参与“遗忘”（计算惩罚项，导出对应的梯度并更新，以产生稀疏性）。也就是说，这些传统方法迫使每一个通道去“遗忘”，然后剪掉那些“忘得最多”的通道。与之形成鲜明对比的是，本章提出的解决方案是首先将模型等价拆分成负责记忆的部分和负责遗忘的部分，然后让前者进行“记忆学习”以维持精度，让后者进行“遗忘学习”以剪掉某些通道。

本章提出的方法包括两个组成要素：卷积重参数化（convolutional re-parameterization, Rep）和梯度重置（gradient resetting, Res），故本方法称为 ResRep。前者是一种对需要剪枝的模型进行等价拆分和合并的方法，可以看成是结构重参数化的一种具体应用形式，后者是一种特殊的更新规则。如图 6.1 所示，这一方法在每个需要剪的卷积层后插入一个压缩器（用一个 1×1 卷积实现），在训练中对压缩器的梯度叠加惩罚梯度，选择一些压缩器的通道，将其从目标函数导出的梯度置零。这样的训练过程会使得压缩器的一些通道变得非常接近 0，剪掉这些通道完全不产生重构损害。然后，将压缩器及其之前的卷积层等价转换为一个卷积层，这一卷积层的宽度将等于压缩器的宽度，即小于原卷积层，因而实现了剪枝的目的。在这一示例中，待剪的卷积层输入通道为 1，输出通道为 4。为可视化方便，将其卷积核 $\boldsymbol{W} \in \mathbb{R}^{4\times1\times3\times3}$ 变形为一个 4×9 矩阵。传统方法为剪掉部分通道，即该矩阵中的一些行。在卷积核上施加惩罚损失项，将这一损失项加到总损失函数上，这样一些行就会变小，但无法小到足以进行完美剪枝的程度。ResRep 在待剪卷积层后插入压缩器，其参数是一个 1×1 卷积核，此处表示为一个 4×4 矩阵 $\boldsymbol{Q}$，初始化为单位矩阵。在惩罚梯度的作用下，压缩器会选择一些通道，生成一个二元掩码。这一掩码会将 $\boldsymbol{Q}$ 的一些通道的从原损失函数中导出的梯度置为 0。在若干次训练迭代后，这些被重置梯度的压缩器通道会变得非常接近 0，故可以进行完美剪枝。最后，将卷积—BN—压缩器结构等价转换为一个卷积层，其宽度与压缩器剪枝后的宽度相同。图中空白矩形表示零值。

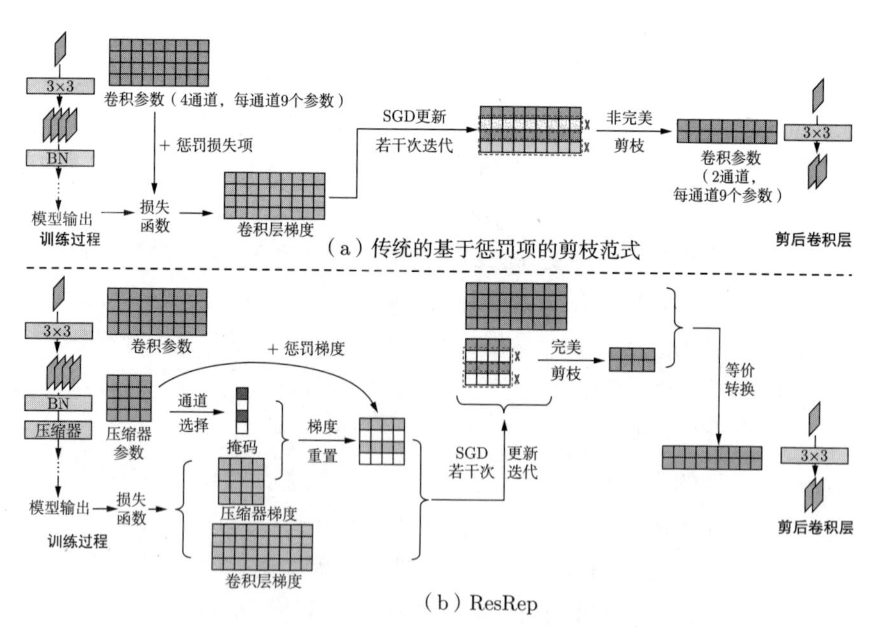

图 6.1 ResRep 与传统基于惩罚项的方法对比

需要注意的是，这一方法也可以用于卷积层后接批归一化[23] 层的常见情况。在这种情况下，只需将压缩器放在 BN 层后，然后在训练结束后将卷积—BN—压缩器结构等价转换成一个卷积即可。这一转换过程需要首先将 BN 与卷积相融合，详见 2.3 节，此处不赘述。最终得到的模型的整体架构将和原模型相同（不再存在压缩器），但宽度会变窄。本章的实验表明，Rep 和 Res 都对这一方法的性能至关重要：Rep 的意义在于人为构造一些结构以便施加 Res，而又不损失模型中原有的信息；Res 将一些压缩器的通道归零，以便对压缩器进行完美剪枝。值得注意的是，ResRep 也可以用于剪全连接层，因为全连接层实质上等价于 1×1 卷积[125]。

ResRep 具有如下显著优势。①高抗剪性：为维持模型精度，ResRep 不改变原模型的损失函数、更新规则或任何训练超参。②高可剪性：压缩器的一些通道在惩罚梯度的作用下会变得非常接近 0，即便以较弱的惩罚强度也可以实现完美剪枝。③给定所需的全局 FLOPs 压缩率，ResRep 可以自动发现每层的最优宽度而不需任何先验知识，因此 ResRep 可以作为一种强大的卷积神经网络结构优化工具。④端到端的训练和简单的实现方式，如算法 6.1 所示。

算法 6.1 ResRep 通道剪枝流程

输入： 训练好的模型 Ω。

插入压缩器，构造等价拆分的模型 $\hat{\Omega}$。将压缩器初始化为单位矩阵，其他结构用原模型 Ω 的参数初始化。

while 训练中 **do**

  将一批训练数据输入 $\hat{\Omega}$，用原目标函数计算出损失，求出梯度。

  对压缩器的梯度应用梯度重置，如后文中的式 (6.10) 所示。

  用压缩器的重置后的梯度和其他参数的原梯度更新模型 $\hat{\Omega}$。

end while

删除压缩器的范数接近 0 的通道，将 $\hat{\Omega}$ 的参数等价转换为 Ω'，如后文中的式 (6.1)、式 (6.4)、式 (6.5) 所示。所得的 Ω' 的整体架构即与 Ω 相同，但卷积层变窄了。

输出： 剪枝后模型 Ω'。

本章的贡献总结如下：

（1）受神经科学领域的研究启发，本章首次提出解耦“记忆”和“遗忘”用于卷积神经网络的剪枝。

（2）本章提出了两个关键技术，即 Rep 和 Res，以实现高抗剪性和高可剪性。这两个技术既可以分别使用以取得优于传统方法的效果，又可以有机结合从而进一步提高精度。

（3）本章的剪枝实验取得了业内最佳的效果，包括在 ImageNet 数据集上的 ResNet-50 上达到 54.5%的 FLOPs 压缩率的前提下精度无损。

6.2 相关工作

一项先前的研究[53] 和本书第 5 章都表明，先剪枝后微调的通道剪枝方法[45,51-52,152-153,166,197-198] 容易使模型在微调中陷入较差的局部极小值，有时精度甚至不及从头训练的小模型。这一发现表明完美剪枝是至关重要的：剪枝重构阶段不造成任何精度损失，就不需要微调，也就避免了这一问题。

在这一问题的解决思路上，本章与第 5 章具有显著的区别：考虑到现有的滤波器归零方法都只能使滤波器参数在一定程度上变小，而无法小到足够实现完美剪枝，第 5 章不再沿用归零冗余模式的思路，而是提出一种新的理想的趋同冗余模式，使一个聚类中的滤波器变得完全相同而实现完美剪枝；本章提出的解决方案是使用一种特殊的更新规则产生理想的归零冗余模式。

在具体实现方式上，与 ResRep 关联最密切的通道剪枝方法是 PCAS[199]。这一方法通过在待剪卷积层后加入注意力模块来识别不重要的通道，这一点与 ResRep 在待剪卷积层后加入压缩器（1×1 卷积）有相通之处。但是，PCAS 在通过训练而识别到了不重要的通道之后直接丢弃注意力模块和这些通道，这显然是不完美剪枝，所以需要微调来补偿模型的精度损失。与之形成对比的是，ResRep 用数学上等价的变换来将训练时的结构转换为原架构同时实现剪枝目的，这一步骤不造成精度损失，故不需要微调。

6.3 ResRep

6.3.1 Rep：卷积重参数化

本章将每个需要剪枝的卷积层及其后的 BN（如果有的话）称为“目标层”。对一个输入通道为 C，输出通道为 D 的目标层，在其后插入一压缩器，其具体形式是一个输出通道也为 D 的 1×1 卷积。为表示方便，省略 1×1 卷积的卷积核长和宽的维度，简记其卷积核为 $\boldsymbol{Q} \in \mathbb{R}^{D\times D}$。

等价拆分：给定一训练好的原模型 Ω，首先构造一等价拆分的模型 $\hat{\Omega}$，方法是将原目标层用原模型的参数初始化，将压缩器初始化为单位矩阵。这样，等价拆分的模型的输出就与原模型完全相同。需要注意的是，如果目标层不包含 BN，那么只要将上文和下文中的“BN”看成一个偏置项即可。

等价合并：在应用梯度重置训练（将在下一节中介绍）之后，压缩器中将有一些通道非常接近 0，只要将其剪掉，然后将模型等价转换为与 Ω 整体架构相同但是更窄的模型即可。具体来讲，对每一压缩器 $\boldsymbol{Q}$，将其 ℓ-2 范数小于一定阈值 ϵ 的通道剪掉。也就是说，沿用 5.3.1 节约定的表示法，其剩余滤波器集合为 $\mathcal{R} = \{j \,|\, ||\boldsymbol{Q}_{j,:}||_2 \geqslant \epsilon\}$。然后根据 $\mathcal{R}$ 剪枝即可。在实验中令 $\epsilon = 10^{-5}$，发现这一阈值足以实现完美剪枝。值得注意的是，梯度重置会使这些通道非常接近于 0（如后文中图 6.4 所示），所以 ϵ 取 10^{-5} 或 10^{-9} 对剪枝结果并无影响。在剪枝后，压缩器的行数变得少于列数，即 $\boldsymbol{Q}' \in \mathbb{R}^{D'\times D}$，其中 $D' = |\mathcal{R}|$。为将剪枝后的模型等价转换为原整体架构，需要将每个卷积—BN—压缩器结构等价转换为一个卷积层，记其参数为 $\boldsymbol{W}' \in \mathbb{R}^{D'\times C\times K\times K}$ 和偏置项 $\boldsymbol{b}' \in \mathbb{R}^{D'}$，下面介绍转换方法。

首先，将卷积与 BN 融合，详见 2.3 节，此处不赘述。对任一通道 j，记得到的卷积核和偏置项为

$$\bar{\boldsymbol{W}}_{j,:,:,:} = \frac{\gamma_j}{\sigma_j}\boldsymbol{W}_{j,:,:,:}, \quad \bar{\boldsymbol{b}}_j = -\frac{\mu_j\gamma_j}{\sigma_j} + \beta_j \tag{6.1}$$

然后需要将 $\bar{\boldsymbol{W}}$、$\bar{\boldsymbol{b}}$ 与 $\boldsymbol{Q}'$ 等价转换为一个卷积层，其卷积核和偏置项分别为 $\boldsymbol{W}'$ 和 $\boldsymbol{b}'$。也就是说，记输入为 $\boldsymbol{I}$，需要确定 $\boldsymbol{W}'$ 和 $\boldsymbol{b}'$ 的显式构造方式，使转换前后的等价性成立，即

$$(\boldsymbol{I} \circledast \bar{\boldsymbol{W}} + \mathrm{B}(\bar{\boldsymbol{b}})) \circledast \boldsymbol{Q}' = \boldsymbol{I} \circledast \boldsymbol{W}' + \mathrm{B}(\boldsymbol{b}') \tag{6.2}$$

根据卷积的可加性，式 (6.2) 等价于

$$\boldsymbol{I} \circledast \bar{\boldsymbol{W}} \circledast \boldsymbol{Q}' + \mathrm{B}(\bar{\boldsymbol{b}}) \circledast \boldsymbol{Q}' = \boldsymbol{I} \circledast \boldsymbol{W}' + \mathrm{B}(\boldsymbol{b}') \tag{6.3}$$

注意到，$B(\bar{\boldsymbol{b}})$ 的每个通道都是一个常矩阵，即矩阵的每个元素都相同。所以，式 $B(\bar{\boldsymbol{b}}) \circledast \boldsymbol{Q}'$ 的结果的每个通道也是一个常矩阵。因为以 $\boldsymbol{Q}'$ 为卷积核的 1×1 卷积仅仅在 $\boldsymbol{I} \circledast \bar{\boldsymbol{W}}$ 的结果上进行通道之间的重组而不进行空间上的聚合，所以可以将 $\boldsymbol{Q}'$ 融合进 $\bar{\boldsymbol{W}}$，只需根据 $\boldsymbol{Q}'$ 对 $\bar{\boldsymbol{W}}$ 中的元素进行通道之间的重组即可。

具体来讲，令 T 表示转置函数（如 $\mathrm{T}(\bar{\boldsymbol{W}})$ 的形状将变成 $C \times D \times K \times K$），$\boldsymbol{W}'$ 和 $\boldsymbol{b}'$ 的构造表达式是

$$\boldsymbol{W}' = \mathrm{T}(\mathrm{T}(\bar{\boldsymbol{W}}) \circledast \boldsymbol{Q}') \tag{6.4}$$

$$\boldsymbol{b}'_j = \bar{\boldsymbol{b}} \cdot \boldsymbol{Q}'_{j,:}, \quad \forall 1 \leqslant j \leqslant D' \tag{6.5}$$

不难验证，转换前后的输出是等价的。

6.3.2 Res：梯度重置

本节介绍利用梯度重置在压缩器中产生结构化稀疏性而又能维持模型精度的方法。

首先从讨论传统的基于惩罚损失项的方法开始。设卷积核为 $\boldsymbol{W}$，记将要被剪掉的通道的序号集合为 $\mathcal{P}$，采用惩罚项的目的是使这些通道的参数变小，即 $||\boldsymbol{W}_{\mathcal{P},:,:,:}|| \to 0$。令 $\boldsymbol{\Theta}$ 表示所有参数的全集，X 和 Y 分别表示数据用例和标签，$L_{\text{perf}}(X, Y, \boldsymbol{\Theta})$ 表示与模型性能相关的目标函数，如分类任务的交叉熵损失函数。传统方法可表示为在目标函数上叠加一个惩罚项 $P(\boldsymbol{W})$，记其设定的强度系数为 λ，则有总的损失函数为

$$L_{\text{total}}(X, Y, \boldsymbol{\Theta}) = L_{\text{perf}}(X, Y, \boldsymbol{\Theta}) + \lambda P(\boldsymbol{W}) \tag{6.6}$$

常见的 P 的形式包括 ℓ-1[45]、ℓ-2[156]、Group Lasso[49-50] 等。特别地，Group Lasso 对于产生通道级别的结构化稀疏性尤为有效。在以下的讨论中，记 $\boldsymbol{W}$ 的某一通道为 $\boldsymbol{F}^{(j)} = \boldsymbol{W}_{j,:,:,:}$，那么 Group Lasso 可以表示为

$$P_{\text{Lasso}}(\boldsymbol{W}) = \sum_{j=1}^{D} ||\boldsymbol{F}^{(j)}||_E \tag{6.7}$$

式中 $||\boldsymbol{F}^{(j)}||_E$ 表示欧几里得范数：

$$||\boldsymbol{F}||_E = \sqrt{\sum_{c=1}^{C}\sum_{p=1}^{K}\sum_{q=1}^{K}\boldsymbol{F}_{c,p,q}^2} \tag{6.8}$$

令 $G(\boldsymbol{F})$ 表示其梯度，通过求导不难得出

$$G(\boldsymbol{F}) = \frac{\partial L_{\text{total}}(X, Y, \boldsymbol{\Theta})}{\partial \boldsymbol{F}} = \frac{\partial L_{\text{perf}}(X, Y, \boldsymbol{\Theta})}{\partial \boldsymbol{F}} + \lambda \frac{\boldsymbol{F}}{||\boldsymbol{F}||_E} \tag{6.9}$$

下面从数值角度讨论 $\boldsymbol{F}$ 在训练过程中的变化。由于带惩罚项的训练是从一个用原目标函数训练好的待剪枝模型开始的，$\boldsymbol{F}$ 位于局部极小值点，故式 (6.9) 的第一项接近 0，但第二项较大，所以 $\boldsymbol{F}$ 会在第二项的作用下变小。随着训练的进行，如果 $\boldsymbol{F}$ 对模型的精度重要，那么目标函数会维持其不变小，也就是说式 (6.9) 的第一项会与第二项对抗，结果 $\boldsymbol{F}$ 会变得比训练前小，变小的程度取决于 λ 的大小。反之，考虑最极端的情况，即 $\boldsymbol{F}$ 对模型的精度没有影响，那么式 (6.9) 的第一项就会是 0，那么 $\boldsymbol{F}$ 就会在第二项的作用下持续变小。换句话说，与模型精度有关的损失函数和惩罚项相互对抗，最后 $\boldsymbol{F}$ 的大小就会反映出其对模型精度的重要性。

然而，这一过程中存在一个两难困境。

难题 A：惩罚项将每个通道的参数都偏离了目标函数的最优点。这种偏离如果比较温和的话，可能不会对模型精度产生负面影响。例如，权值衰减就可以看成一种温和的偏离。但是，在惩罚项较强的情况下，虽然一些将要被剪掉的通道变小了，从而减少了重构损害，但是那些剩余的通道也被变小了，导致模型的表征能力下降，即抗剪性差。

难题 B：在惩罚项较弱的情况下，无法将较多的通道变得足够小，也就无法实现完美剪枝，故可剪性差。

本章提出的梯度重置方法解决了上述两个难题，其原理是重置从原目标函数中导出的部分梯度，从而用温和的惩罚来实现高抗剪性和高可剪性。为便于实现，具体方法是不向原目标函数添加任何额外的项（即 $L_{\text{total}} = L_{\text{perf}}$），如常规反向传播一样求出梯度，然后手动地在梯度上乘一掩码，再加上惩罚梯度，最后用如此得到的梯度来更新通道参数。引入一个二值掩码 $m \in \{0, 1\}$ 来表示是否要将 $\boldsymbol{F}$ 归零，则上述操作可以表

示为

$$G(\boldsymbol{F}) \leftarrow \frac{\partial L_{\text{perf}}(X, Y, \boldsymbol{\Theta})}{\partial \boldsymbol{F}} m + \lambda \frac{\boldsymbol{F}}{||\boldsymbol{F}||_E} \tag{6.10}$$

这样就解决了上述两个难题。①尽管每个通道的梯度上都被加上了惩罚梯度，这等价于向总的损失函数上加惩罚损失，但这种惩罚是温和的（例如本章的实验中采用的系数是 $\lambda = 10^{-4}$），所以对模型的精度无害。②当 $m = 0$ 时，式 (6.10) 的第一项被去掉了，不再与第二项对抗，所以即便是较小的惩罚系数也可以让 $\boldsymbol{F}$ 持续变小，直到足以实现完美剪枝。下一节将介绍如何决定归零哪些通道，即如何为不同通道设置掩码 m 的值。

6.3.3 Res 和 Rep 的有机结合

6.3.2 节介绍了梯度重置，但是直接将梯度重置用于通道剪枝将会带来一个问题：卷积核参数的从目标函数导出的梯度包含了对维持模型精度至关重要的监督信息，它们指导卷积核的参数如何更新，但这些梯度被置为 0 了，造成了显著的信息损失，从而造成精度下降。直观上看，Res 方法是在令一部分参数“忘记”一些有用的信息（梯度）。而 Res 和 Rep 的有机结合的关键在于，Rep 恰好可以解决这一问题。这是因为在 Rep 的等价拆分—剪枝—等价合并的解决方案中，可以只剪压缩器，而不剪模型中原有的卷积层。也就是说，ResRep 只令压缩器去“遗忘”，而模型的其他部分仍然负责“记忆”，所以不会丢失模型原卷积核梯度中包含的监督信息。

为了将 Res 与 Rep 相结合，需要决定剪掉压缩器 $\boldsymbol{Q}$ 的哪些通道。当训练等价拆分的模型时，Res 向压缩器的梯度上施加 Group Lasso 惩罚梯度，所以当训练一段时间后，$||\boldsymbol{Q}_{j,:}||$ 就会反映压缩器通道 j 的重要性（见 6.3.2 节的讨论），因此应当根据 $\boldsymbol{Q}$ 的值进行通道选择。自然地，令 n 表示模型中压缩器的总数，i 表示压缩器的序号，$\boldsymbol{m}^{(i)}$（维数为 $\boldsymbol{D}^{(i)}$ 的二值向量）表示第 i 个压缩器的掩码，定义 $\boldsymbol{t}^{(i)} \in \mathbb{R}^{\boldsymbol{D}^{(i)}}$ 为第 i 个压缩器的各通道的重要性度量：

$$t_j^{(i)} = ||\boldsymbol{Q}_{j,:}^{(i)}||_2\,, \quad \forall 1 \leqslant j \leqslant \boldsymbol{D}^{(i)} \tag{6.11}$$

在每次通道选择时，首先为每个压缩器的每个通道计算其重要性度量（t 值），然后将其组织成一个映射集合，记作 $\mathcal{M} = \{(i,j) \rightarrow t_j^{(i)} \,|\, \forall 1 \leqslant$

$i \leqslant n, 1 \leqslant j \leqslant D^{(i)}\}$，然后从 t 值最小的开始选择通道，每选择一个通道就将其对应的掩码 $\boldsymbol{m}_j^{(i)}$ 置为 0。当模型的整体现存 FLOPs ①压缩率达到目标压缩率，或者当前选择的通道数量达到阈值 θ 时，停止选择并将未被选择的通道的 m 值置为 1。下文将 θ 称为通道选择上限。

下面解释如此设计的出发点。参照 6.3.2 节关于损失函数和惩罚项相互对抗的讨论，正如传统的做法用惩罚损失项与原目标函数相对抗并选择较小的通道来剪枝一样，ResRep 用惩罚梯度与原梯度相对抗，原理是一致的。而且这一通道选择机制有一显著优点：所有 t 值的初始值均为 1（因为每个压缩器都初始化为单位矩阵），所以这些 t 值可以用来跨层比较不同通道的重要性。在本章的实验中，将 θ 初始化为一个较小的值，每隔若干次迭代就增大 θ 并重新进行通道选择。这是为了渐进地“遗忘”，避免一次归零太多通道。最终，那些 m 值为 0 的通道会变得非常接近 0，足以进行完美剪枝，所以理想的归零冗余模式就在压缩器中出现了。

6.4 实验分析

6.4.1 ImageNet 和 CIFAR-10 剪枝实验

本节首先使用 ResNet-50 和 MobileNet[25] 在 ImageNet 上进行实验，其剪枝结果见表 6.1。为了保证可重复性，数据扩充方法与 PyTorch 官方示例一致[188]。对 ResNet-50，采用官方 torchvision 标准模型[187] 为原模型以保证与大多数工作的公平对比，其正确率为 76.15%。对 MobileNet，原模型是自行在 ImageNet 上预训练的模型，其正确率为 70.78%，比 MobileNet 原始论文中报告的正确率稍高。CIFAR-10 上的实验采用自行预训练的 ResNet-56/110 模型，数据扩充方法包括随机裁剪和左右翻转，预训练 240 轮，批尺寸为 64，学习率初始化为 0.1 并在第 120 和 180 轮时分别乘 0.1。本章中报告 FLOPs 时以乘加的数量为标准，ResNet-50 的 FLOPs 是 4.09B，MobileNet 是 569M，ResNet-56 是 126M，ResNet-110 是 253M。

① 需要注意的是，这里的整体现存 FLOPs 的计算方法是假定模型中所有当前 m 值为 0 的通道都已被去掉，根据此时模型的宽度得出目前模型的 FLOPs。

表 6.1 ImageNet 上 ResNet-50 和 MobileNet 剪枝结果

模型	结果	原模型正确率/%	原前五正确率/%	剪枝后正确率/%	剪枝后前五正确率/%	正确率下降/%	前五正确率下降/%	FLOPs压缩率/%
ResNet-50	SFP[200]	76.15	92.87	74.61	92.06	1.54	0.81	41.8
	GAL-0.5[178]	76.15	92.87	71.95	90.94	4.20	1.93	43.03
	NISP[152]	—	—	—	—	0.89	—	44.01
	Taylor-FO-BN[197]	76.18	—	74.50	—	1.68	—	44.98
	Channel Pr[48]	—	92.2	—	90.8	—	1.4	50
	HP[182]	76.01	92.93	74.87	92.43	1.14	0.50	50
	MetaPruning[201]	76.6	—	75.4	—	1.2	—	51.10
	Autopr[202]	76.15	92.87	74.76	92.15	1.39	0.72	51.21
	GDP[184]	75.13	92.30	71.89	90.71	3.24	1.59	51.30
	FPGM[176]	76.15	92.87	74.83	92.32	1.32	0.55	53.5
	ResRep	76.15	92.87	76.15±0.01	92.89±0.04	0.00	−0.02	54.54
	C-SGD[203]	76.15	92.87	75.29	92.39	0.86	0.48	55.44
	DCP[185]	76.01	92.93	74.95	92.32	1.06	0.61	55.76
	C-SGD[75]	75.33	92.56	74.54	92.09	0.79	0.47	55.76
	ThiNet[186]	75.30	92.20	72.03	90.99	3.27	1.21	55.83

续表

模型	结果	原模型正确率/%	原前五正确率/%	剪枝后正确率/%	剪枝后前五正确率/%	正确率下降/%	前五正确率下降/%	FLOPs压缩率/%
ResNet-50	SASL [204]	76.15	92.87	75.15	92.47	1.00	0.40	56.10
	ResRep	76.15	92.87	75.97±0.02	92.75±0.01	0.18	0.12	56.11
	TRP [205]	75.90	92.70	72.69	91.41	3.21	1.29	56.52
	LFPC [177]	76.15	92.87	74.46	92.32	1.69	0.55	60.8
	HRank [179]	76.15	92.87	71.98	91.01	4.17	1.86	62.10
	ResRep	76.15	92.87	75.30±0.01	92.47±0.01	0.85	0.40	62.10
MobileNet	MetaPruning [201]	70.6	—	66.1	—	4.5	—	73.81
	ResRep	70.78	89.78	68.02±0.02	87.66±0.02	2.76	2.12	73.91

在 ImageNet 上，ResNet-50 和 MobileNet 的 ResRep 训练过程采用相同的超参：$\lambda = 10^{-4}$，批尺寸为 256，初始学习率为 0.01，余弦衰减，训练 180 轮。通道选择上限 θ 初始为 4，在第 5 轮结束时进行第一次通道选择，且每隔 200 次迭代令 $\theta \leftarrow \theta + 4$。换句话说，训练起始的 5 轮可以看作“预热”，当预热结束时选择 t 值最低的 4 个通道，然后每隔 200 次迭代就多选另外 4 个通道，直到达到 FLOPs 压缩率目标。为便于与其他方法进行比较，用 ResNet-50 进行三次实验，分别设置不同的 FLOPs 压缩率目标：54.5%（比 FPGM[176] 高 1%）、56.1%（与 SASL[204] 相同）和 62.1%（与 HRank[179] 相同）。MobileNet 的 FLOPs 压缩率目标设为 73.9%以便与 MetaPruning[201] 对比。为了与大多数方法一致，进行剪枝的层包括 ResNet-50 的每个残差块的第一层（1×1 卷积）和第二层（3×3 卷积），以及 MobileNet 的每一个非逐通道卷积。另外，在 ResRep 训练过程中，压缩器的动量（momentum）系数从默认的 0.9 提高为 0.99，这是因为直观上看，掩码为 0 的那些通道参数持续向着一个方向（坐标原点）变化，这一趋势会在动量中累积，所以如果动量系数更大，这一归零过程就可以得到加速。

在 CIFAR-10 数据集上，ResNet-56/110 的目标层包括每个残差块的第一层。除了 64 的批尺寸和 480 的训练轮数外，其他超参与 ImageNet 实验一致。其剪枝结果见表 6.2。

表 6.1 和表 6.2 展示的实验结果表明了 ResRep 的优异性能。表 6.1 中 ImageNet 的结果是三次实验的平均，表 6.2 中 CIFAR-10 的结果是五次实验的平均。在 ResNet-50 上，在压缩率较高（54.54%）的情况下，ResRep 实现了真正意义上的无损剪枝，即正确率损失是 0.00%，这是业界首次在压缩率如此高的情况下的无损剪枝。比较正确率的降低幅度，可以发现 ResRep 的效果比 SASL 强 0.82%，比 HRank 强 3.32%，且大幅超越所有其他方法。在 MobileNet 上，ResRep 的精度比 MetaPruning 高 1.77%。在 ResNet-56/110 上，ResRep 也大幅领先。

图 6.2 展示的是每一目标层剪枝后的宽度。注意 ResNet-50 的图中每个残差块的第一层（1×1 卷积）和第二层（3×3 卷积）以不同的曲线表示，竖直的虚线代表 ResNet 中的阶段转换。结果表明，只要给定所需的整体压缩率，ResRep 可以自动发现每一层适宜的最终宽度而不需要任

何先验知识。值得注意的是，ResRep 选择将 ResNet-50 和 MobileNet 的较高层剪得较少，但将 ResNet-56 的最后几个残差块剪掉很多。这可能是因为在 ImageNet 这样的高难度数据集上，丰富的高层特征对维持模型的拟合能力至关重要；但 ResNet-56 在 CIFAR-10 上不欠缺拟合能力，所以不需要丰富的高层特征。

表 6.2 CIFAR-10 上 ResNet-56/110 剪枝结果

模型	结果	原模型正确率/%	剪枝后正确率/%	正确率下降/%	FLOPs 压缩率/%
ResNet-56	AMC [206]	92.8	91.9	0.9	50
	FPGM [176]	93.59	93.26	0.33	52.6
	SFP [200]	93.59	93.35	0.24	52.6
	LFPC [177]	93.59	93.24	0.35	52.9
	ResRep	93.71	93.71±0.02	0.00	52.91
	TRP [205]	93.14	91.62	1.52	77.82
	ResRep	93.71	92.66±0.07	1.05	77.83
ResNet-110	Li et al. [45]	93.53	93.30	0.23	38.60
	GAL-0.5 [178]	93.50	92.74	0.76	48.5
	HRank [179]	93.50	93.36	0.14	58.2
	ResRep	94.64	94.62±0.04	0.02	58.21

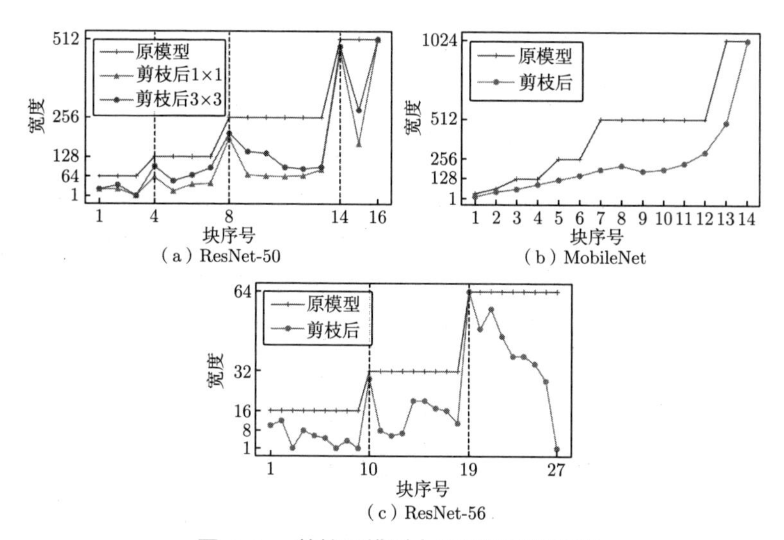

图 6.2 剪枝后模型中的目标层的宽度

6.4.2 基线和变体对比实验

6.4.1 节已经显示了 ResRep 的优异剪枝性能，本节将进一步深入研究，在 ResNet-50 上构造一系列基线和变体来进行对比，具体步骤如下。

（1）作为相同训练轮数的基线模型，将原模型也微调 180 轮，采用的学习率与 ResRep 训练时的学习率相同。如表 6.3 所示，模型精度仅仅提升了 0.04%，这说明 ResRep 的高精度并不能简单地归因于其训练设定。

表 6.3 ResNet-50 基线和变体对比

操作	正确率/%	FLOPs 压缩率/%
微调原模型	76.19	—
均匀变窄基线	74.39	55.4
剪枝后微调	74.66	54.5
向量重参数化	75.57	54.5
压缩器动量改为 0.9	75.05	45.1

（2）构造一个均匀变窄的 ResNet-50 基线，其中每个目标层的宽度设为原来的 1/2，这样总的 FLOPs 减少了 55.4%。将这一模型用与原模型相同的训练设定从头开始训练，最终的正确率仅为 74.39%，这一正确率比用 ResRep 剪枝得到的压缩率为 56.1%的模型低 1.58%。

（3）为了将 ResRep 与简单的先剪枝后微调的方法对比，把所有目标层的所有滤波器按欧几里得范数排序，从最小的开始逐个剪掉，直到整体压缩率达到 54.5%，然后用与前述相同的 180 轮的训练设定来微调这一剪枝后的模型。不难预见的是，这一微调的模型精度仅仅略高于均匀变窄的基线。这一发现与 Liu 等的研究发现[53]一致：微调一个剪枝后的模型所得到的最终精度不一定会显著超过从头训练的小模型。图 6.3 中展示了这一模型在微调过程中的训练损失值和验证集上的正确率，与 ResRep 剪枝的模型的训练过程进行对比。可见，虽然在微调开始时其验证集正确率可以快速恢复，但最终被 ResRep 大幅超越。

（4）将 ResRep 中应用的卷积重参数化替换为更简单的重参数化形式，把压缩器的实现形式从 1×1 卷积（即一个 $D \times D$ 矩阵）降维成一个 D 维的向量，即一个通道维度的线性缩放层（channel-wise scaling layer），

初始化为 **1**。在这种情况下，相应的 Group Lasso 也就自然退化成了 ℓ-1 正则。也就是说，将 ResRep 的结构和操作维度从二维降到了一维。在其他超参相同的 180 轮训练后，最终的正确率是 75.57%，比正常的 ResRep 低 0.58%。直观上看，用 1×1 卷积进行的重参数化可以看成通过线性重组，将原卷积核"折叠"进了一个更低维度的卷积核，但是一个向量仅仅能删除某些通道，故表征能力更弱。

（5）为了验证压缩器上 0.99 的动量系数的必要性，将其设为 0.9，发现被归零的通道变少了，即压缩率降低了。虽然较高的动量系数可以更快地归零压缩器通道，但如果不考虑训练开销，允许训练轮数更多的话，这一设计也并非必要。

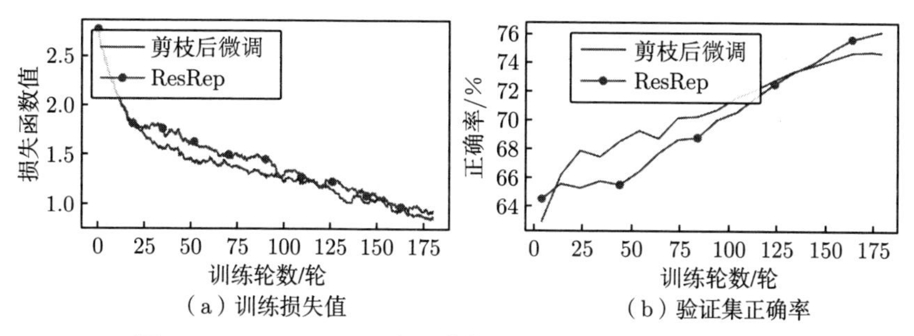

（a）训练损失值　（b）验证集正确率

图 6.3　ResNet-50 上先剪枝后微调和 ResRep 的对比

6.4.3　Res 和 Rep 的消融实验

本节在 CIFAR-10 上的 ResNet-56 上进行一系列消融实验来分别验证 Res 和 Rep 的有效性。为保证公平对比，每一个模型的训练超参均与前述相同。

作为基线，首先采用传统的基于惩罚项的方法，直接在所有的目标层上加 Group Lasso 正则，如式 (6.7) 所示。通过分别设定 Lasso 系数 λ 的值为 0.3、0.03、0.003、0.001，得到四个模型，其精度分别为 69.81%、87.09%、92.65%、93.69%。为在每个如此训练的模型上实现完美剪枝，按照如下做法得到其最小结构：每次剪掉一个通道并测试模型，直到出现精度降低的现象。也就是说，再多剪最小结构的任何一个通道都会造成精度降低。记录每个模型最小结构相对于原结构的 FLOPs 压缩率，分别为：81.24%、71.94%、57.56%、28.31%。分别构造只用 Rep、只用 Res

和 Res+Rep 的模型：

（1）只用 Rep：将 Group Lasso 加在压缩器上，并通过改变 λ 的值达到与上述基线模型相当的压缩率。

（2）只用 Res：直接将梯度重置用于原卷积核参数，设目标压缩率为上述基线模型的压缩率。

（3）ResRep：如前所述，进行正常的 ResRep 剪枝，设目标压缩率为上述基线模型的压缩率。

图 6.4（a）展示了不同模型的压缩率和精度的对比，图中为了可读性省略了（81.24%, 69.81%）这一数据点。可见，只用 Res 或 Rep 的效果都好于基线，结合使用的效果更佳。

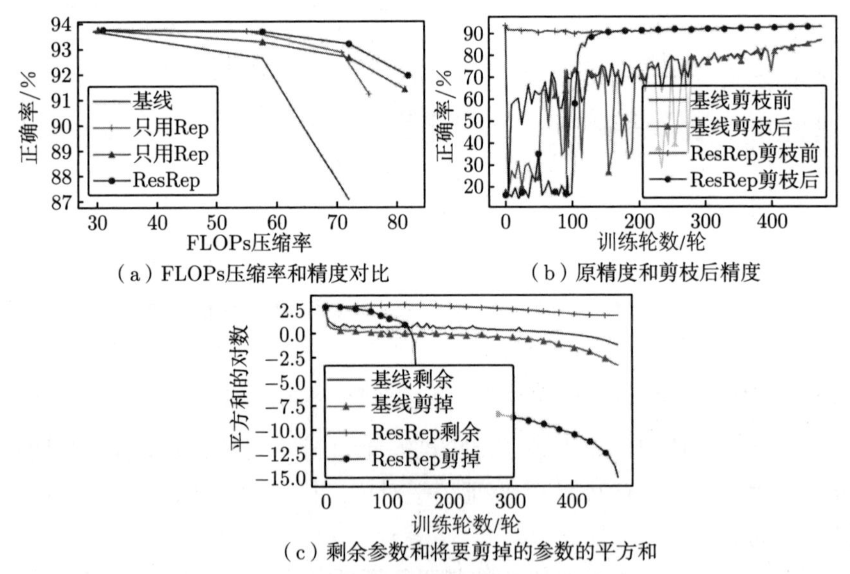

图 6.4 ResNet-56 上的剪枝结果和训练过程分析（见文前彩图）

接下来，进一步研究其训练过程。选择上述基线中 $\lambda = 0.03$ 的模型作为研究对象，在其训练过程中每隔 5 轮保存模型的一份参数。在训练后得到最小结构之后，回过头来将每个保存的模型剪到该最小结构，然后测试其精度。相应地，对 ResRep 剪枝的模型也进行相同的操作，唯一的区别在于获得最小结构和剪枝的操作是在压缩器上进行的，而不是在原卷积核上。如图 6.4（b）所示，即便在剪枝之前，基线模型的精度也大幅降低，这是因为强惩罚项带来的副作用，说明抗剪性较差。与之形成对比的是，ResRep 的剪枝前精度维持在较高的水平上。在训练的开始阶段，基线模型和 ResRep 模型的重构损害（剪枝前精度减去剪枝后精度）都较大，但都随着结构化稀疏性的出现而减小。显而易见，基线模型的剪枝后精度提升较慢且不稳定，这是其原目标函数和惩罚项相互对抗导致的。

对于上述每个保存的模型，根据得到的最小结构，分别计算出剪枝后剩余的卷积核参数和被剪掉的参数的平方和。如图 6.4（c）所示（纵轴采用了对数坐标以提高图的可读性），基线模型的参数很快变得很小，难以维持其精度，这解释了其抗剪性差的原因。反观 ResRep 模型，因为其惩罚系数较小，最终剩余的参数虽然有一定程度的减小，但始终维持在相对较大的水平上，因而其抗剪性强；但是那些最终被剪掉的参数（也就是那些掩码为 0 的通道的参数）急剧变小，很快就变得非常接近 0 了，这解释了其可剪性强的优点。

6.5　本 章 小 结

ResRep 的优异性能表明，将传统的基于学习过程的剪枝分解为“维持精度的学习”和“进行剪枝的学习”是一个有希望的研究方向。作为结构重参数化方法论的一种成功应用，ResRep 的核心在于人为构造一些能够进行等价转换的结构，这些结构可以承载一些为达到某种目的而进行的特殊操作，从而为模型赋予某种性质（在 ResRep 中这一性质就是结构化稀疏性）。除了取得业界最佳的剪枝效果以外，ResRep 的成功可能启发结构重参数化方法论在其他领域的成功应用。

第 7 章　总结与展望

7.1　工 作 总 结

如何设计和优化高效卷积神经网络的结构，得到效率和精度的更好平衡，是卷积神经网络这一基本工具的基本问题。研究这一基本工具的基本问题，即通过结构设计和优化而普遍地、一般地提升卷积神经网络的性能，实现效率和精度的更好平衡，具有显著的理论价值和实际应用价值。本书各部分的主要创新点如下。

第 2 章提出了一种极简的单路径基本架构——RepVGG。简单架构的研究长期被忽视，一个重要原因是虽然 VGGNet 式的简单架构具有结构简单、实现容易、并行度高、内存利用率高等特点，但其精度远远低于复杂架构。为解决这种单路架构精度低下的问题，这一章首次提出一种全新的方法论——结构重参数化，通过参数的等价转换实现结构的等价转换。应用这一方法论，RepVGG 取得了超过主流复杂模型的性能。

第 3 章提出了一种不引入任何推理开销的通用基本组件——非对称卷积模块。这一工作起源于一项关于卷积神经网络的内在性质的发现：方形卷积核中的骨架位置比角落更重要。基于这一发现，这一章提出用非对称卷积来增强常规方形卷积核。依据这一章所总结的卷积的广义可加性，这些非对称卷积核可以等价合并到方形卷积核中去，实现精度提升而不引入任何推理开销。

第 4 章提出了一种基于大卷积核的组件——重参数化大卷积核模块。通过一系列探索实验，这一章归纳了在现代卷积神经网络中应用大卷积核的五条准则，并依据这些准则设计了这一模块。实验表明，除了在图像分类、语义分割和目标检测上取得媲美视觉 Transformer 的性能以外，大卷积核还为模型引入了大有效感受野、高形状偏好等有益性质。

第 5 章提出了一种基于优化算法的通用剪枝方法——向心随机梯度下降。不同于传统方法所制造的归零冗余模式的缺陷，这一方法意在制造一种不同的冗余模式——趋同冗余模式。在 C-SGD 训练过程中，一些滤波器变得互相接近，最后在参数超空间中重合为一点。由于卷积的线性，具有此种性质的滤波器可以被剪掉而不造成任何精度损失。此外，这一章还讨论了深层复杂模型的受约束剪枝问题，并给出了基于 C-SGD 的解决方案。

第 6 章将结构重参数化方法论用于通道剪枝，提出了一种基于结构变换的高精度剪枝方法——ResRep。神经科学研究表明，人脑中的记忆和遗忘是两个相对独立的过程。受此启发，这一章提出应用结构重参数化方法论将原模型等价拆分成负责“记忆”和负责“遗忘”的两个部分，对两个部分应用不同的更新规则，在训练结束后将两个部分等价合并为原架构并达到剪枝的目的。ResRep 取得了业界最优的剪枝效果，在 ResNet-50 上以超过 50%的压缩率首次实现了无损剪枝，标志着结构重参数化方法论的应用领域的成功扩展。

7.2　未来工作展望

如何通过结构改进而普遍地提升卷积神经网络的性能，是一个庞大复杂而又意义深远的课题。在当前深度学习的黑箱仍未被打破、新模型和新方法层出不穷、各种任务性能水涨船高的时代，应该意识到这一课题的挑战性。目前规划的未来工作包括：

（1）与具体任务相关的主干模型的设计和应用。与通用主干模型不同，与具体任务相关的主干模型在设计之初就考虑到具体任务上的性能，因而可以适当进行优化。这一方向的研究关键在于把握目标任务的本质困难和对主干模型的关键需求。

（2）神经网络训练动力学的研究。尽管神经网络的训练本质上仍是一个黑箱，但一些基于统计学和可视化的方法有助于理解和改善训练过程，使得同样结构的模型能够训练出更好的性能。为推进这一方向的研究，需要更强的数学基础和机器学习理论。

（3）结构重参数化的深度探索和更广泛的应用。尽管 RepVGG、ACB、RepLKB 和 ResRep 的成功揭示了结构重参数化方法论的有效性，其有效的原因仍然缺乏理论的、严格的证明和解释。例如，给定同一推理时结构的两种训练时的重参数化方式，如何通过理论证明何种方式更好？此外，在架构设计、新式组件和通道剪枝上的成功表明结构重参数化是一种通用的方法论，其在其他领域的应用也有待探索。

参 考 文 献

[1] COLLOBERT R, WESTON J. A unified architecture for natural language processing: Deep neural networks with multitask learning[C]//Proceedings of the 25th International Conference on Machine Learning 2008: volume 307. ACM, 2008: 160-167.

[2] LAWRENCE S, GILES C L, TSOI A C, et al. Face recognition: a convolutional neural-network approach[J]. IEEE Transactions on Neural Networks, 1997, 8(1): 98-113.

[3] LECUN Y, BENGIO Y, et al. Convolutional networks for images, speech, and time series[J]. The Handbook of Brain Theory and Neural Networks, 1995, 3361(10): 1995.

[4] LECUN Y, BOSER B E, DENKER J S, et al. Handwritten digit recognition with a back-propagation network[C]//Proceedings of the Advances in Neural Information Processing Systems 2, [NIPS Conference]. Morgan Kaufmann, 1989: 396-404.

[5] REN S, HE K, GIRSHICK R B, et al. Faster R-CNN: towards real-time object detection with region proposal networks[J]. IEEE Transactions on Pattern Analysis & Machine Intelligence, 2017, 39(6): 1137-1149.

[6] ZHAO H, SHI J, QI X, et al. Pyramid scene parsing network[C]// Proceedings of the IEEE Conference on Computer Vision and Pattern Recognition 2017. IEEE Computer Society, 2017: 6230-6239.

[7] DENG J, DONG W, SOCHER R, et al. Imagenet: A large-scale hierarchical image database[C]//Proceedings of the IEEE Conference on Computer Vision and Pattern Recognition 2009. IEEE Computer Society, 2009: 248-255.

[8] KRIZHEVSKY A, SUTSKEVER I, HINTON G E. Imagenet classification with deep convolutional neural networks[C]//Proceedings of the Advances in Neural Information Processing Systems 25: 26th Annual Conference on Neural Information Processing Systems. 2012: 1106-1114.

[9] SIMONYAN K, ZISSERMAN A. Very deep convolutional networks for large-

scale image recognition[C]//Proceedings of the 3rd International Conference on Learning Representations 2015. 2015.

[10] HE K, ZHANG X, REN S, et al. Deep residual learning for image recognition [C]//Proceedings of the IEEE Conference on Computer Vision and Pattern Recognition 2016. IEEE Computer Society, 2016: 770-778.

[11] TAN M, LE Q V. Efficientnet: Rethinking model scaling for convolutional neural networks[C]//Proceedings of the 36th International Conference on Machine Learning 2019: volume 97. PMLR, 2019: 6105-6114.

[12] ABADI M, BARHAM P, CHEN J, et al. Tensorflow: A system for large-scale machine learning[C]//Proceedings of the Keeton K, Roscoe T. 12th USENIX Symposium on Operating Systems Design and Implementation. USENIX Association, 2016: 265-283.

[13] PASZKE A, GROSS S, MASSA F, et al. Pytorch: An imperative style, high-performance deep learning library[C]//Proceedings of the Advances in Neural Information Processing Systems 32: Annual Conference on Neural Information Processing Systems 2019. 2019: 8024-8035.

[14] BAO H, DONG L, WEI F. Beit: BERT pre-training of image transformers [J]. CoRR, 2021, abs/2106.08254.

[15] LOSHCHILOV I, HUTTER F. Decoupled weight decay regularization [C]//Proceedings of the 7th International Conference on Learning Representations, 2019.

[16] CUBUK E D, ZOPH B, MANÉ D, et al. Autoaugment: Learning augmentation strategies from data[C]//Proceedings of the IEEE Conference on Computer Vision and Pattern Recognition 2019. IEEE, 2019: 113-123.

[17] CUBUK E D, ZOPH B, SHLENS J, et al. RandAugment: Practical automated data augmentation with a reduced search space[C]//Proceedings of the Advances in Neural Information Processing Systems 33: Annual Conference on Neural Information Processing Systems 2020. 2020.

[18] ZHOU B, ZHAO H, PUIG X, et al. Semantic understanding of scenes through the ADE20K dataset[J]. International Journal of Computer Vision., 2019, 127(3): 302-321.

[19] LIN T, MAIRE M, BELONGIE S J, et al. Microsoft COCO: common objects in context[C]//Proceedings of the European Conference on Computer Vision 2014: volume 8693. Springer, 2014: 740-755.

[20] SZEGEDY C, LIU W, JIA Y, et al. Going deeper with convolutions [C]//Proceedings of the IEEE Conference on Computer Vision and Pattern Recognition 2015. IEEE Computer Society, 2015: 1-9.

[21] SZEGEDY C, VANHOUCKE V, IOFFE S, et al. Rethinking the inception architecture for computer vision[C]//Proceedings of the IEEE Conference on Computer Vision and Pattern Recognition 2016. IEEE Computer Society, 2016: 2818-2826.

[22] SZEGEDY C, IOFFE S, VANHOUCKE V, et al. Inception-v4, inception-resnet and the impact of residual connections on learning[C]//Proceedings of the 31st AAAI Conference on Artificial Intelligence (AAAI-17). AAAI Press, 2017: 4278-4284.

[23] IOFFE S, SZEGEDY C. Batch normalization: Accelerating deep network training by reducing internal covariate shift[C]//Proceedings of the 32nd International Conference on Machine Learning, 2015: volume 37. JMLR.org, 2015: 448-456.

[24] HUANG G, LIU Z, van der Maaten L, et al. Densely connected convolutional networks[C]//Proceedings of the IEEE Conference on Computer Vision and Pattern Recognition 2017. IEEE Computer Society, 2017: 2261-2269.

[25] HOWARD A G, ZHU M, CHEN B, et al. Mobilenets: Efficient convolutional neural networks for mobile vision applications[J]. CoRR, 2017, abs/1704.04861.

[26] SANDLER M, HOWARD A G, ZHU M, et al. Mobilenetv2: Inverted residuals and linear bottlenecks[C]//Proceedings of the IEEE Conference on Computer Vision and Pattern Recognition 2018. 2018: 4510-4520.

[27] ZHANG X, ZHOU X, LIN M, et al. Shufflenet: An extremely efficient convolutional neural network for mobile devices[C]//Proceedings of the IEEE Conference on Computer Vision and Pattern Recognition 2018. Computer Vision Foundation / IEEE Computer Society, 2018: 6848-6856.

[28] MA N, ZHANG X, ZHENG H, et al. Shufflenet V2: practical guidelines for efficient CNN architecture design[C]//Proceedings of the European Conference on Computer Vision 2018. Springer, 2018: 122-138.

[29] HAN K, WANG Y, TIAN Q, et al. Ghostnet: More features from cheap operations[C]//Proceedings of the IEEE/CVF Conference on Computer Vision and Pattern Recognition 2020. Computer Vision Foundation / IEEE, 2020: 1577-1586.

[30] ZAGORUYKO S, KOMODAKIS N. Wide residual networks[C]// Proceedings of the British Machine Vision Conference 2016. BMVA Press, 2016.

[31] XIE S, GIRSHICK R B, DOLLÁR P, et al. Aggregated residual transformations for deep neural networks[C]//Proceedings of the IEEE Conference on Computer Vision and Pattern Recognition 2017. IEEE Computer Society,

2017: 5987-5995.

[32] RADOSAVOVIC I, KOSARAJU R P, GIRSHICK R B, et al. Designing network design spaces[C]//Proceedings of the IEEE/CVF Conference on Computer Vision and Pattern Recognition, 2020. Computer Vision Foundation/IEEE, 2020: 10425-10433.

[33] CHOLLET F. Xception: Deep learning with depthwise separable convolutions[C]//Proceedings of the IEEE Conference on Computer Vision and Pattern Recognition, 2017. IEEE Computer Society, 2017: 1800-1807.

[34] HU J, SHEN L, SUN G. Squeeze-and-excitation networks[C]//Proceedings of the IEEE Conference on Computer Vision and Pattern Recognition 2018. Computer Vision Foundation / IEEE Computer Society, 2018: 7132-7141.

[35] YANG B, BENDER G, LE Q V, et al. Condconv: Conditionally parameterized convolutions for efficient inference[C]//Proceedings of the Advances in Neural Information Processing Systems 32: Annual Conference on Neural Information Processing Systems 2019. 2019: 1305-1316.

[36] GUPTA S, AGRAWAL A, GOPALAKRISHNAN K, et al. Deep learning with limited numerical precision[C]//Proceedings of the 32nd International Conference on Machine Learning 2015: volume 37. JMLR.org, 2015: 1737-1746.

[37] HAN S, MAO H, DALLY W J. Deep compression: Compressing deep neural network with pruning, trained quantization and huffman coding [C]//Proceedings of the 4th International Conference on Learning Representations 2016. 2016.

[38] RASTEGARI M, ORDONEZ V, REDMON J, et al. Xnor-net: Imagenet classification using binary convolutional neural networks[C]//Proceedings of the European Conference on Computer Vision 2016. Springer, 2016: 525-542.

[39] WU J, LENG C, WANG Y, et al. Quantized convolutional neural networks for mobile devices[C]//Proceedings of the IEEE Conference on Computer Vision and Pattern Recognition 2016. IEEE Computer Society, 2016: 4820-4828.

[40] COURBARIAUX M, BENGIO Y. Binarynet: Training deep neural networks with weights and activations constrained to $+1$ or -1[J]. CoRR, 2016, abs/1602.02830.

[41] BA J, CARUANA R. Do deep nets really need to be deep?[C]//Proceedings of the Advances in Neural Information Processing Systems 27: Annual Conference on Neural Information Processing Systems 2014. 2014: 2654-2662.

[42] ROMERO A, BALLAS N, KAHOU S E, et al. Fitnets: Hints for thin deep nets[C]//Proceedings of the 3rd International Conference on Learning Representations 2015. 2015.

[43] HINTON G E, VINYALS O, DEAN J. Distilling the knowledge in a neural network[J]. CoRR, 2015, abs/1503.02531.

[44] HAN S, POOL J, TRAN J, et al. Learning both weights and connections for efficient neural network[C]//Proceedings of the Advances in Neural Information Processing Systems 28: Annual Conference on Neural Information Processing Systems 2015. 2015: 1135-1143.

[45] LI H, KADAV A, DURDANOVIC I, et al. Pruning filters for efficient convnets[C/OL]//Proceedings of the 5th International Conference on Learning Representations. OpenReview.net, 2017. https://openreview.net/forum?id=rJqFGTslg.

[46] LIU Z, LI J, SHEN Z, et al. Learning efficient convolutional networks through network slimming[C]//Proceedings of the IEEE International Conference on Computer Vision 2017. IEEE Computer Society, 2017: 2755-2763.

[47] DING X, DING G, GUO Y, et al. Approximated oracle filter pruning for destructive CNN width optimization[C]//Proceedings of the 36th International Conference on Machine Learning: volume 97. PMLR, 2019: 1607-1616.

[48] HE Y, ZHANG X, SUN J. Channel pruning for accelerating very deep neural networks[C]//Proceedings of the IEEE International Conference on Computer Vision 2017. IEEE Computer Society, 2017: 1398-1406.

[49] LIU B, WANG M, FOROOSH H, et al. Sparse convolutional neural networks [C]//Proceedings of the IEEE Conference on Computer Vision and Pattern Recognition 2015. IEEE Computer Society, 2015: 806-814.

[50] WEN W, WU C, WANG Y, et al. Learning structured sparsity in deep neural networks[C]//Proceedings of the Advances in Neural Information Processing Systems 29: Annual Conference on Neural Information Processing Systems 2016. 2016: 2074-2082.

[51] HU H, PENG R, TAI Y, et al. Network trimming: A data-driven neuron pruning approach towards efficient deep architectures[J]. CoRR, 2016, abs/1607.03250.

[52] MOLCHANOV P, TYREE S, KARRAS T, et al. Pruning convolutional neural networks for resource efficient inference[C]//Proceedings of the 5th International Conference on Learning Representations. OpenReview.net, 2017.

[53] LIU Z, SUN M, ZHOU T, et al. Rethinking the value of network pruning [C]//Proceedings of the 7th International Conference on Learning Represen-

tations 2019. OpenReview.net, 2019.

[54] SAINATH T N, KINGSBURY B, SINDHWANI V, et al. Low-rank matrix factorization for deep neural network training with high-dimensional output targets[C]//Proceedings of the IEEE International Conference on Acoustics, Speech and Signal Processing 2013. IEEE, 2013: 6655-6659.

[55] XUE J, LI J, GONG Y. Restructuring of deep neural network acoustic models with singular value decomposition[C]//Proceedings of the INTERSPEECH 2013, 14th Annual Conference of the International Speech Communication Association. ISCA, 2013: 2365-2369.

[56] DENTON E L, ZAREMBA W, BRUNA J, et al. Exploiting linear structure within convolutional networks for efficient evaluation[C]//Proceedings of the Advances in Neural Information Processing Systems 27: Annual Conference on Neural Information Processing Systems 2014. 2014: 1269-1277.

[57] JADERBERG M, VEDALDI A, ZISSERMAN A. Speeding up convolutional neural networks with low rank expansions[C]//Proceedings of the British Machine Vision Conference 2014. BMVA Press, 2014.

[58] KIM Y, PARK E, YOO S, et al. Compression of deep convolutional neural networks for fast and low power mobile applications[C]//Proceedings of the 4th International Conference on Learning Representations 2016. 2016.

[59] SINDHWANI V, SAINATH T N, KUMAR S. Structured transforms for small-footprint deep learning[C]//Proceedings of the Advances in Neural Information Processing Systems 28: Annual Conference on Neural Information Processing Systems 2015. 2015: 3088-3096.

[60] ZHANG X, ZOU J, HE K, et al. Accelerating very deep convolutional networks for classification and detection[J]. IEEE Transactions on Pattern Analysis & Machine Intelligence, 2016, 38(10): 1943-1955.

[61] ALVAREZ J M, SALZMANN M. Compression-aware training of deep networks[C]//Proceedings of the Advances in Neural Information Processing Systems 30: Annual Conference on Neural Information Processing Systems 2017. 2017: 856-867.

[62] MATHIEU M, HENAFF M, YANN L. Fast training of convolutional networks through ffts[C]//Proceedings of the 2nd International Conference on Learning Representations 2014. 2014.

[63] VASILACHE N, JOHNSON J, MATHIEU M, et al. Fast convolutional nets with fbfft: A GPU performance evaluation[C]//Proceedings of the 3rd International Conference on Learning Representations 2015. 2015.

[64] WANG Y, XU C, YOU S, et al. Cnnpack: Packing convolutional neu-

ral networks in the frequency domain[C]//Proceedings of the Advances in Neural Information Processing Systems 29: Annual Conference on Neural Information Processing Systems 2016. 2016: 253-261.

[65] DING X, DING G, ZHOU X, et al. Global sparse momentum SGD for pruning very deep neural networks[C]//Proceedings of the Advances in Neural Information Processing Systems 32: Annual Conference on Neural Information Processing Systems 2019. 2019: 6379-6391.

[66] DING X, ZHANG X, MA N, et al. Repvgg: Making vgg-style convnets great again[C]//Proceedings of the IEEE Conference on Computer Vision and Pattern Recognition 2021. Computer Vision Foundation / IEEE, 2021: 13733-13742.

[67] DING X, GUO Y, DING G, et al. Acnet: Strengthening the kernel skeletons for powerful CNN via asymmetric convolution blocks[C]//Proceedings of the IEEE/CVF International Conference on Computer Vision 2019. IEEE, 2019: 1911-1920.

[68] DOSOVITSKIY A, BEYER L, KOLESNIKOV A, et al. An image is worth 16×16 words: Transformers for image recognition at scale[C]//Proceedings of the 9th International Conference on Learning Representations 2021. OpenReview.net, 2021.

[69] LIU Z, LIN Y, CAO Y, et al. Swin transformer: Hierarchical vision transformer using shifted windows[C]//Proceedings of the IEEE/CVF International Conference on Computer Vision 2021. IEEE, 2021: 9992-10002.

[70] TOUVRON H, CORD M, DOUZE M, et al. Training data-efficient image transformers & distillation through attention[C]//Proceedings of the 38th International Conference on Machine Learning 2021: volume 139. PMLR, 2021: 10347-10357.

[71] WANG W, XIE E, LI X, et al. Pyramid vision transformer: A versatile backbone for dense prediction without convolutions[C]//Proceedings of the IEEE/CVF International Conference on Computer Vision 2021. IEEE, 2021: 548-558.

[72] VASWANI A, SHAZEER N, PARMAR N, et al. Attention is all you need [C]//Proceedings of the Advances in Neural Information Processing Systems 30: Annual Conference on Neural Information Processing Systems 2017. 2017: 5998-6008.

[73] RAGHU M, UNTERTHINER T, KORNBLITH S, et al. Do vision transformers see like convolutional neural networks?[J]. CoRR, 2021, abs/2108.08810.

[74] DING X, ZHANG X, ZHOU Y, et al. Scaling up your kernels to 31×31: Revisiting large kernel design in cnns[J]. CoRR, 2022, abs/2203.06717.

[75] DING X, DING G, GUO Y, et al. Centripetal SGD for pruning very deep convolutional networks with complicated structure[C]//Proceedings of the IEEE Conference on Computer Vision and Pattern Recognition 2019. Computer Vision Foundation / IEEE, 2019: 4943-4953.

[76] DING X, HAO T, TAN J, et al. Resrep: Lossless CNN pruning via decoupling remembering and forgetting[C]//Proceedings of the IEEE/CVF International Conference on Computer Vision 2021. IEEE, 2021: 4490-4500.

[77] ZOPH B, VASUDEVAN V, SHLENS J, et al. Learning transferable architectures for scalable image recognition[C]//Proceedings of the IEEE Conference on Computer Vision and Pattern Recognition 2018. Computer Vision Foundation / IEEE Computer Society, 2018: 8697-8710.

[78] VEIT A, WILBER M J, BELONGIE S J. Residual networks behave like ensembles of relatively shallow networks[C]//Proceedings of the Advances in Neural Information Processing Systems 29: Annual Conference on Neural Information Processing Systems 2016. 2016: 550-558.

[79] XIAO L, BAHRI Y, SOHL-DICKSTEIN J, et al. Dynamical isometry and a mean field theory of cnns: How to train 10, 000-layer vanilla convolutional neural networks[C]//Proceedings of the 35th International Conference on Machine Learning 2018: volume 80. PMLR, 2018: 5389-5398.

[80] YANN L, BOTTOU L, BENGIO Y, et al. Gradient-based learning applied to document recognition[J]. Proceedings of IEEE, 1998, 86(11): 2278-2324.

[81] OYEDOTUN O K, SHABAYEK A E R, AOUADA D, et al. Going deeper with neural networks without skip connections[C]//Proceedings of the IEEE International Conference on Image Processing 2020. IEEE, 2020: 1756-1760.

[82] ZAGORUYKO S, KOMODAKIS N. Diracnets: Training very deep neural networks without skip-connections[J]. CoRR, 2017, abs/1706.00388.

[83] CHETLUR S, WOOLLEY C, VANDERMERSCH P, et al. Cudnn: Efficient primitives for deep learning[J]. CoRR, 2014, abs/1410.0759.

[84] BELONOSOV M A, KOSTOV C, RESHETOVA G V, et al. Parallel numerical simulation of seismic waves propagation with intel math kernel library [C]//Proceedings of the Applied Parallel and Scientific Computing - 11th International Conference, PARA 2012: volume 7782. Springer, 2012: 153-167.

[85] LAVIN A, GRAY S. Fast algorithms for convolutional neural networks [C]//Proceedings of the IEEE Conference on Computer Vision and Pattern

Recognition 2016. IEEE Computer Society, 2016: 4013-4021.

[86] ZOPH B, LE Q V. Neural architecture search with reinforcement learning [J]. arXiv preprint arXiv: 1611.01578, 2016.

[87] ZHANG H, CISSÉ M, DAUPHIN Y N, et al. Mixup: Beyond empirical risk minimization[C]//Proceedings of the 6th International Conference on Learning Representations 2018. OpenReview.net, 2018.

[88] CORDTS M, OMRAN M, RAMOS S, et al. The cityscapes dataset for semantic urban scene understanding[C]//Proceedings of the IEEE Conference on Computer Vision and Pattern Recognition 2016. IEEE Computer Society, 2016: 3213-3223.

[89] KRIZHEVSKY A, HINTON G. Learning multiple layers of features from tiny images[R]. Citeseer, 2009.

[90] JIN J, DUNDAR A, CULURCIELLO E. Flattened convolutional neural networks for feedforward acceleration[C]//Proceedings of the 3rd International Conference on Learning Representations 2015. 2015.

[91] LO S, HANG H, CHAN S, et al. Efficient dense modules of asymmetric convolution for real-time semantic segmentation[C]//Proceedings of the MMAsia '19: ACM Multimedia Asia. ACM, 2019: 1:1-1:6.

[92] PASZKE A, CHAURASIA A, KIM S, et al. Enet: A deep neural network architecture for real-time semantic segmentation[J]. CoRR, 2016, abs/ 1606.02147.

[93] GUO Y, YAO A, CHEN Y. Dynamic network surgery for efficient dnns [C]//Proceedings of the Advances in Neural Information Processing Systems 29: Annual Conference on Neural Information Processing Systems 2016. 2016: 1379-1387.

[94] DING X, ZHANG X, HAN J, et al. Diverse branch block: Building a convolution as an inception-like unit[C]//Proceedings of the IEEE Conference on Computer Vision and Pattern Recognition 2021. Computer Vision Foundation / IEEE, 2021: 10886-10895.

[95] SNOEK J, LAROCHELLE H, ADAMS R P. Practical bayesian optimization of machine learning algorithms[C]//Proceedings of the Advances in Neural Information Processing Systems 25: 26th Annual Conference on Neural Information Processing Systems 2012. 2012: 2960-2968.

[96] GOOGLE. Tensorflow-alexnet[EB/OL]. 2017. https://github.com/tensorflow/models/blob/master/research/slim/nets/alexnet.py.

[97] DAI X, CHEN Y, XIAO B, et al. Dynamic head: Unifying object detection heads with attentions[C]//Proceedings of the IEEE Conference on Computer

Vision and Pattern Recognition 2021. Computer Vision Foundation / IEEE, 2021: 7373-7382.

[98] XIE E, WANG W, YU Z, et al. Segformer: Simple and efficient design for semantic segmentation with transformers[C]//Proceedings of the Advances in Neural Information Processing Systems 34: Annual Conference on Neural Information Processing Systems 2021. 2021: 12077-12090.

[99] JIA C, YANG Y, XIA Y, et al. Scaling up visual and vision-language representation learning with noisy text supervision[C]//Proceedings of the 38th International Conference on Machine Learning 2021: volume 139. PMLR, 2021: 4904-4916.

[100] CORDONNIER J, LOUKAS A, JAGGI M. On the relationship between self-attention and convolutional layers[C]//Proceedings of the 8th International Conference on Learning Representations 2020. OpenReview.net, 2020.

[101] PAUL S, CHEN P. Vision transformers are robust learners[J]. CoRR, 2021, abs/2105.07581.

[102] ZHU X, CHENG D, ZHANG Z, et al. An empirical study of spatial attention mechanisms in deep networks[C]//Proceedings of the IEEE/CVF International Conference on Computer Vision 2019. IEEE, 2019: 6687-6696.

[103] HAN Q, FAN Z, DAI Q, et al. Demystifying local vision transformer: Sparse connectivity, weight sharing, and dynamic weight[J]. CoRR, 2021, abs/2106.04263.

[104] ZHAO Y, WANG G, TANG C, et al. A battle of network structures: An empirical study of cnn, transformer, and MLP[J]. CoRR, 2021, abs/2108.13002.

[105] HINTON G E. How to represent part-whole hierarchies in a neural network [J]. CoRR, 2021, abs/2102.12627.

[106] WU F, FAN A, BAEVSKI A, et al. Pay less attention with lightweight and dynamic convolutions[C]//Proceedings of the 7th International Conference on Learning Representations 2019. OpenReview.net, 2019.

[107] SRINIVAS A, LIN T, PARMAR N, et al. Bottleneck transformers for visual recognition[C]//Proceedings of the IEEE Conference on Computer Vision and Pattern Recognition 2021. Computer Vision Foundation / IEEE, 2021: 16519-16529.

[108] VASWANI A, RAMACHANDRAN P, SRINIVAS A, et al. Scaling local self-attention for parameter efficient visual backbones[C]//Proceedings of the IEEE Conference on Computer Vision and Pattern Recognition 2021. Computer Vision Foundation / IEEE, 2021: 12894-12904.

[109] PARMAR N, RAMACHANDRAN P, VASWANI A, et al. Stand-alone self-

attention in vision models[C]//Proceedings of the Advances in Neural Information Processing Systems 32: Annual Conference on Neural Information Processing Systems 2019. 2019: 68-80.

[110] LUO W, LI Y, URTASUN R, et al. Understanding the effective receptive field in deep convolutional neural networks[C]//Proceedings of the Advances in Neural Information Processing Systems 29: Annual Conference on Neural Information Processing Systems 2016. 2016: 4898-4906.

[111] PENG C, ZHANG X, YU G, et al. Large kernel matters - improve semantic segmentation by global convolutional network[C]//Proceedings of the IEEE Conference on Computer Vision and Pattern Recognition 2017. IEEE Computer Society, 2017: 1743-1751.

[112] HU H, ZHANG Z, XIE Z, et al. Local relation networks for image recognition [C]//Proceedings of the IEEE/CVF International Conference on Computer Vision 2019. IEEE, 2019: 3463-3472.

[113] TROCKMAN A, KOLTER J Z. Patches are all you need?[J]. CoRR, 2022, abs/2201.09792.

[114] TOLSTIKHIN I O, HOULSBY N, KOLESNIKOV A, et al. Mlp-mixer: An all-mlp architecture for vision[J]. CoRR, 2021, abs/2105.01601.

[115] TOUVRON H, BOJANOWSKI P, CARON M, et al. Resmlp: Feedforward networks for image classification with data-efficient training[J]. CoRR, 2021, abs/2105.03404.

[116] YU W, LUO M, ZHOU P, et al. Metaformer is actually what you need for vision[J]. CoRR, 2021, abs/2111.11418.

[117] LIU Z, MAO H, WU C, et al. A convnet for the 2020s[J]. CoRR, 2022, abs/2201.03545.

[118] DOLLÁR P, SINGH M, GIRSHICK R B. Fast and accurate model scaling [C]//Proceedings of the IEEE Conference on Computer Vision and Pattern Recognition 2021. Computer Vision Foundation / IEEE, 2021: 924-932.

[119] DONG Y, CORDONNIER J, LOUKAS A. Attention is not all you need: Pure attention loses rank doubly exponentially with depth[C]//Proceedings of the 38th International Conference on Machine Learning 2021: volume 139. PMLR, 2021: 2793-2803.

[120] CONTRIBUTORS M. MMSegmentation: Openmmlab semantic segmentation toolbox and benchmark[EB/OL]. 2020. https://github.com/open-mmlab/mmsegmentation.

[121] CHEN L, ZHU Y, PAPANDREOU G, et al. Encoder-decoder with atrous separable convolution for semantic image segmentation[C]//Proceedings of

the European Conference on Computer Vision 2018: volume 11211. Springer, 2018: 833-851.

[122] LIU L, LIU X, GAO J, et al. Understanding the difficulty of training transformers[C]//Proceedings of the 2020 Conference on Empirical Methods in Natural Language Processing. Association for Computational Linguistics, 2020: 5747-5763.

[123] WU H, XIAO B, CODELLA N, et al. Cvt: Introducing convolutions to vision transformers[C]//Proceedings of the IEEE/CVF International Conference on Computer Vision 2021. IEEE, 2021: 22-31.

[124] CHU X, ZHANG B, TIAN Z, et al. Do we really need explicit position encodings for vision transformers?[J]. CoRR, 2021, abs/2102.10882.

[125] LONG J, SHELHAMER E, DARRELL T. Fully convolutional networks for semantic segmentation[C]//Proceedings of the IEEE Conference on Computer Vision and Pattern Recognition 2015. IEEE Computer Society, 2015: 3431-3440.

[126] YU F, KOLTUN V, FUNKHOUSER T A. Dilated residual networks [C]//Proceedings of the IEEE Conference on Computer Vision and Pattern Recognition 2017. IEEE Computer Society, 2017: 636-644.

[127] WANG J, SUN K, CHENG T, et al. Deep high-resolution representation learning for visual recognition[J]. IEEE Transactions on Pattern Analysis and Machine Intelligence, 2021, 43(10): 3349-3364.

[128] YU F, KOLTUN V. Multi-scale context aggregation by dilated convolutions [C]//Proceedings of the 4th International Conference on Learning Representations 2016. 2016.

[129] HENDRYCKS D, GIMPEL K. Bridging nonlinearities and stochastic regularizers with gaussian error linear units[J]. CoRR, 2016, abs/1606.08415.

[130] DING X, CHEN H, ZHANG X, et al. Repmlpnet: Hierarchical vision MLP with re-parameterized locality[J]. CoRR, 2021, abs/2112.11081.

[131] YUN S, HAN D, CHUN S, et al. Cutmix: Regularization strategy to train strong classifiers with localizable features[C]//Proceedings of the IEEE/CVF International Conference on Computer Vision 2019. IEEE, 2019: 6022-6031.

[132] ZHONG Z, ZHENG L, KANG G, et al. Random erasing data augmentation[C]//Proceedings of the 34th AAAI Conference on Artificial Intelligence (AAAI-20). AAAI Press, 2020: 13001-13008.

[133] HUANG G, SUN Y, LIU Z, et al. Deep networks with stochastic depth [C]//Proceedings of the European Conference on Computer Vision 2016: volume 9908. Springer, 2016: 646-661.

[134] XIAO T, LIU Y, ZHOU B, et al. Unified perceptual parsing for scene under-

standing[C]//Proceedings of the European Conference on Computer Vision 2018: volume 11209. Springer, 2018: 432-448.

[135] ZHANG H, WU C, ZHANG Z, et al. Resnest: Split-attention networks[J]. CoRR, 2020, abs/2004.08955.

[136] CHEN L, PAPANDREOU G, SCHROFF F, et al. Rethinking atrous convolution for semantic image segmentation[J]. CoRR, 2017, abs/1706.05587.

[137] WANG H, ZHU Y, GREEN B, et al. Axial-deeplab: Stand-alone axial-attention for panoptic segmentation[C]//Proceedings of the European Conference on Computer Vision 2020: volume 12349. Springer, 2020: 108-126.

[138] GONG C, WANG D, LI M, et al. Improve vision transformers training by suppressing over-smoothing[J]. CoRR, 2021, abs/2104.12753.

[139] ZHENG S, LU J, ZHAO H, et al. Rethinking semantic segmentation from a sequence-to-sequence perspective with transformers[C]//Proceedings of the IEEE Conference on Computer Vision and Pattern Recognition 2021. Computer Vision Foundation / IEEE, 2021: 6881-6890.

[140] RANFTL R, BOCHKOVSKIY A, KOLTUN V. Vision transformers for dense prediction[C]//Proceedings of the IEEE/CVF International Conference on Computer Vision 2021. IEEE, 2021: 12159-12168.

[141] TIAN Z, SHEN C, CHEN H, et al. FCOS: fully convolutional one-stage object detection[C]//Proceedings of the IEEE/CVF International Conference on Computer Vision 2019. IEEE, 2019: 9626-9635.

[142] HE K, GKIOXARI G, DOLLÁR P, et al. Mask R-CNN[C]//Proceedings of the IEEE International Conference on Computer Vision 2017. IEEE Computer Society, 2017: 2980-2988.

[143] CAI Z, VASCONCELOS N. Cascade R-CNN: High quality object detection and instance segmentation[J]. IEEE Transactions on Pattern Analysis and Machine Intelligence, 2021, 43(5): 1483-1498.

[144] CHEN K, WANG J, PANG J, et al. Mmdetection: Open mmlab detection toolbox and benchmark[J]. CoRR, 2019, abs/1906.07155.

[145] KIM B J, CHOI H, JANG H, et al. Dead pixel test using effective receptive field[J]. CoRR, 2021, abs/2108.13576.

[146] TULI S, DASGUPTA I, GRANT E, et al. Are convolutional neural networks or transformers more like human vision?[J]. CoRR, 2021, abs/2105.07197.

[147] BETHGELAB. Toolbox of model-vs-human[EB/OL]. 2022. https://github.com/bethgelab/model-vs-human.

[148] DENIL M, SHAKIBI B, DINH L, et al. Predicting parameters in deep learning[C]//Proceedings of the Advances in Neural Information Processing Systems 26: 27th Annual Conference on Neural Information Processing Systems

2013. 2013: 2148-2156.

[149] COLLINS M D, KOHLI P. Memory bounded deep convolutional networks [J]. CoRR, 2014, abs/1412.1442.

[150] CHENG Y, YU F X, FERIS R S, et al. An exploration of parameter redundancy in deep networks with circulant projections[C]//Proceedings of the IEEE International Conference on Computer Vision 2015. IEEE Computer Society, 2015: 2857-2865.

[151] ZHOU H, ALVAREZ J M, PORIKLI F. Less is more: Towards compact cnns [C]//Proceedings of the European Conference on Computer Vision 2016: volume 9908. Springer, 2016: 662-677.

[152] YU R, LI A, CHEN C, et al. NISP: Pruning networks using neuron importance score propagation[C]//Proceedings of the IEEE Conference on Computer Vision and Pattern Recognition 2018. Computer Vision Foundation / IEEE Computer Society, 2018: 9194-9203.

[153] ABBASI-ASL R, YU B. Structural compression of convolutional neural networks based on greedy filter pruning[J]. CoRR, 2017, abs/1705.07356.

[154] ANWAR S, HWANG K, SUNG W. Structured pruning of deep convolutional neural networks[J]. ACM Journal on Emerging Technologies in Computing Systems, 2017, 13(3): 32:1-32:18.

[155] ALVAREZ J M, SALZMANN M. Learning the number of neurons in deep networks[C]//Proceedings of the Advances in Neural Information Processing Systems 29: Annual Conference on Neural Information Processing Systems 2016. 2016: 2262-2270.

[156] DING X, DING G, HAN J, et al. Auto-balanced filter pruning for efficient convolutional neural networks[C]//Proceedings of the 32nd AAAI Conference on Artificial Intelligence (AAAI-18). AAAI Press, 2018: 6797-6804.

[157] WANG H, ZHANG Q, WANG Y, et al. Structured pruning for efficient convnets via incremental regularization[C]//Proceedings of the International Joint Conference on Neural Networks 2019. IEEE, 2019: 1-8.

[158] LIN S, JI R, LI Y, et al. Towards compact convnets via structure-sparsity regularized filter pruning[J]. CoRR, 2019, abs/1901.07827.

[159] ROTH V, FISCHER B. The group-lasso for generalized linear models: Uniqueness of solutions and efficient algorithms[C]//Proceedings of the 25th International Conference on Machine Learning 2008: volume 307. ACM, 2008: 848-855.

[160] YANN L, DENKER J S, SOLLA S A. Optimal brain damage[C]// Proceedings of the Advances in Neural Information Processing Systems 2,

[NIPS Conference]. Morgan Kaufmann, 1989: 598-605.

[161] HASSIBI B, STORK D G. Second order derivatives for network pruning: Optimal brain surgeon[C]//Proceedings of the Hanson S J, Cowan J D, Giles C L. Advances in Neural Information Processing Systems 5, [NIPS Conference]. Morgan Kaufmann, 1992: 164-171.

[162] CASTELLANO G, FANELLI A M, PELILLO M. An iterative pruning algorithm for feedforward neural networks[J]. IEEE Transaction on Neural Networks, 1997, 8(3): 519-531.

[163] STEPNIEWSKI S W, KEANE A J. Pruning backpropagation neural networks using modern stochastic optimisation techniques[J]. Neural Computing & Applications, 1997, 5(2): 76-98.

[164] ZHANG T, YE S, ZHANG K, et al. A systematic DNN weight pruning framework using alternating direction method of multipliers[C]//Proceedings of the European Conference on Computer Vision 2018: volume 11212. Springer, 2018: 191-207.

[165] KROGH A, HERTZ J A. A simple weight decay can improve generalization [C]//Proceedings of the Advances in Neural Information Processing Systems 4, [NIPS Conference]. Morgan Kaufmann, 1991: 950-957.

[166] LUO J, WU J, LIN W. Thinet: A filter level pruning method for deep neural network compression[C]//Proceedings of the IEEE International Conference on Computer Vision 2017. IEEE Computer Society, 2017: 5068-5076.

[167] HU Y, SUN S, LI J, et al. A novel channel pruning method for deep neural network compression[J]. CoRR, 2018, abs/1805.11394.

[168] XU K, WANG X, JIA Q, et al. Globally soft filter pruning for efficient convolutional neural networks[Z]. 2018.

[169] JIANG C, LI G, QIAN C, et al. Efficient DNN neuron pruning by minimizing layer-wise nonlinear reconstruction error[C]//Proceedings of the 27th International Joint Conference on Artificial Intelligence 2018. ijcai.org, 2018: 2298-2304.

[170] ZHU X, ZHOU W, LI H. Improving deep neural network sparsity through decorrelation regularization[C]//Proceedings of the 27th International Joint Conference on Artificial Intelligence 2018. ijcai.org, 2018: 3264-3270.

[171] ZHOU Y, ZHANG Y, WANG Y, et al. Network compression via recursive bayesian pruning[J]. CoRR, 2018, abs/1812.00353.

[172] MIN C, WANG A, CHEN Y, et al. 2pfpce: Two-phase filter pruning based on conditional entropy[J]. CoRR, 2018, abs/1809.02220.

[173] HUANG Q, ZHOU S K, YOU S, et al. Learning to prune filters in convolutional neural networks[C]//Proceedings of the 2018 IEEE Winter Conference

on Applications of Computer Vision 2018. IEEE Computer Society, 2018: 709-718.

[174] SINGH P, KADI V S R, VERMA N, et al. Stability based filter pruning for accelerating deep cnns[C]//Proceedings of the IEEE Winter Conference on Applications of Computer Vision 2019. IEEE, 2019: 1166-1174.

[175] HE Y, HAN S. ADC: Automated deep compression and acceleration with reinforcement learning[J]. CoRR, 2018, abs/1802.03494.

[176] HE Y, LIU P, WANG Z, et al. Filter pruning via geometric median for deep convolutional neural networks acceleration[C]//Proceedings of the IEEE Conference on Computer Vision and Pattern Recognition 2019. Computer Vision Foundation / IEEE, 2019: 4340-4349.

[177] HE Y, DING Y, LIU P, et al. Learning filter pruning criteria for deep convolutional neural networks acceleration[C]//Proceedings of the IEEE/CVF Conference on Computer Vision and Pattern Recognition 2020. Computer Vision Foundation / IEEE, 2020: 2006-2015.

[178] LIN S, JI R, YAN C, et al. Towards optimal structured CNN pruning via generative adversarial learning[C]//Proceedings of the IEEE Conference on Computer Vision and Pattern Recognition 2019. Computer Vision Foundation / IEEE, 2019: 2790-2799.

[179] LIN M, JI R, WANG Y, et al. Hrank: Filter pruning using high-rank feature map[J]. CoRR, 2020, abs/2002.10179.

[180] SINGH P, VERMA V K, RAI P, et al. Leveraging filter correlations for deep model compression[C]//Proceedings of the IEEE Winter Conference on Applications of Computer Vision 2020. IEEE, 2020: 824-833.

[181] WANG H, ZHANG Q, WANG Y, et al. Structured probabilistic pruning for convolutional neural network acceleration[C]//Proceedings of the British Machine Vision Conference 2018. BMVA Press, 2018: 149.

[182] XU X, PARK M S, BRICK C. Hybrid pruning: Thinner sparse networks for fast inference on edge devices[J]. CoRR, 2018, abs/1811.00482.

[183] WANG D, ZHOU L, ZHANG X, et al. Exploring linear relationship in feature map subspace for convnets compression[J]. CoRR, 2018, abs/1803.05729.

[184] LIN S, JI R, LI Y, et al. Accelerating convolutional networks via global & dynamic filter pruning[C]//Proceedings of the 27th International Joint Conference on Artificial Intelligence 2018. ijcai.org, 2018: 2425-2432.

[185] ZHUANG Z, TAN M, ZHUANG B, et al. Discrimination-aware channel pruning for deep neural networks[C]//Proceedings of the Advances in Neural Information Processing Systems 31: Annual Conference on Neural Infor-

mation Processing Systems 2018. 2018: 883-894.

[186] LUO J, ZHANG H, ZHOU H, et al. Thinet: Pruning CNN filters for a thinner net[J]. IEEE Transactions on Pattern Analysis and Machine Intelligence, 2019, 41(10): 2525-2538.

[187] PYTORCH. Torchvision official models[M/OL]. 2020. https://pytorch.org/docs/stable/torchvision/models.html.

[188] PYTORCH. Pytorch official example[M/OL]. 2020. https://github.com/pytorch/examples/blob/master/imagenet/main.py.

[189] HARIHARAN B, ARBELAEZ P, BOURDEV L D, et al. Semantic contours from inverse detectors[C]//Proceedings of the IEEE International Conference on Computer Vision 2011. IEEE Computer Society, 2011: 991-998.

[190] CHEN L, PAPANDREOU G, KOKKINOS I, et al. Deeplab: Semantic image segmentation with deep convolutional nets, atrous convolution, and fully connected crfs[J]. IEEE Transactions on Pattern Analysis and Machine Intelligence, 2018, 40(4): 834-848.

[191] ZHAO H, SHI J, QI X, et al. Pyramid scene parsing network[C]//Proceedings of the IEEE Conference on Computer Vision and Pattern Recognition 2017. IEEE Computer Society, 2017: 6230-6239.

[192] LIN T, DOLLÁR P, GIRSHICK R B, et al. Feature pyramid networks for object detection[C]//Proceedings of the IEEE Conference on Computer Vision and Pattern Recognition 2017. IEEE Computer Society, 2017: 936-944.

[193] RICHARDS B A, FRANKLAND P W. The persistence and transience of memory[J]. Neuron, 2017, 94(6): 1071-1084.

[194] DONG T, HE J, WANG S, et al. Inability to activate rac1-dependent forgetting contributes to behavioral inflexibility in mutants of multiple autism-risk genes[J]. Proceedings of the National Academy of Sciences, 2016, 113(27): 7644-7649.

[195] HAYASHI-TAKAGI A, YAGISHITA S, NAKAMURA M, et al. Labelling and optical erasure of synaptic memory traces in the motor cortex[J]. Nature, 2015, 525(7569): 333-338.

[196] SHUAI Y, LU B, HU Y, et al. Forgetting is regulated through rac activity in drosophila[J]. Cell, 2010, 140(4): 579-589.

[197] MOLCHANOV P, MALLYA A, TYREE S, et al. Importance estimation for neural network pruning[C]//Proceedings of the IEEE Conference on Computer Vision and Pattern Recognition 2019. Computer Vision Foundation / IEEE, 2019: 11264-11272.

[198] POLYAK A, WOLF L. Channel-level acceleration of deep face representa-

tions[J]. IEEE Access, 2015, 3: 2163-2175.

[199] YAMAMOTO K, MAENO K. PCAS: Pruning channels with attention statistics for deep network compression[C]//Proceedings of the British Machine Vision Conference 2019. BMVA Press, 2019: 138.

[200] HE Y, KANG G, DONG X, et al. Soft filter pruning for accelerating deep convolutional neural networks[C]//Proceedings of the 27th International Joint Conference on Artificial Intelligence 2018. ijcai.org, 2018: 2234-2240.

[201] LIU Z, MU H, ZHANG X, et al. Metapruning: Meta learning for automatic neural network channel pruning[C]//Proceedings of the IEEE International Conference on Computer Vision 2019. IEEE, 2019: 3295-3304.

[202] LUO J, WU J. Autopruner: An end-to-end trainable filter pruning method for efficient deep model inference[J]. Pattern Recognition, 2020, 107: 107461.

[203] DING X, HAO T, HAN J, et al. Manipulating identical filter redundancy for efficient pruning on deep and complicated CNN[J]. CoRR, 2021, abs/2107.14444.

[204] SHI J, XU J, TASAKA K, et al. SASL: Saliency-adaptive sparsity learning for neural network acceleration[J]. CoRR, 2020, abs/2003.05891.

[205] XU Y, LI Y, ZHANG S, et al. TRP: Trained rank pruning for efficient deep neural networks[J]. CoRR, 2020, abs/2004.14566.

[206] HE Y, LIN J, LIU Z, et al. AMC: Automl for model compression and acceleration on mobile devices[C]//Proceedings of the European Conference on Computer Vision 2018: volume 11211. Springer, 2018: 815-832.

在学期间完成的相关学术成果

学术论文

以下论文均为本人一作，均发表于 CCF A 类会议。

[1] Ding X H, Zhang X Y, Zhou Y, et al. Scaling up your kernels to 31x31: Revisiting large kernel design in cnns[J]. CoRR, 2022, abs/2203.06717. (已被 CVPR 2022 接收)

[2] Ding X H, Chen H H, Zhang X Y, et al. Repmlpnet: Hierarchical vision MLP with re-parameterized locality[J]. CoRR, 2021, abs/2112.11081. (已被 CVPR 2022 接收)

[3] Ding X H, Hao T X, Tan J, et al. Resrep: Lossless CNN pruning via decoupling remembering and forgetting[C]//IEEE/CVF International Conference on Computer Vision, ICCV 2021. IEEE, 2021: 4490-4500.

[4] Ding X H, Zhang X Y, Ma N, et al. Repvgg: Making vgg-style convnets great again[C]//IEEE Conference on Computer Vision and Pattern Recognition, CVPR 2021. Computer Vision Foundation / IEEE, 2021: 13733-13742.

[5] Ding X H, Zhang X Y, Han J G, et al. Diverse branch block: Building a convolution as an inception-like unit[C]//IEEE Conference on Computer Vision and Pattern Recognition, CVPR 2021. Computer Vision Foundation / IEEE, 2021: 10886-10895.

[6] Ding X H, Ding G G, Zhou X, et al. Global sparse momentum SGD for pruning very deep neural networks[C]//Advances in Neural Information Processing Systems 32: Annual Conference on Neural Information Processing Systems 2019, NeurIPS 2019. 2019: 6379-6391.

[7] Ding X H, Guo Y C, Ding G G, et al. Acnet: Strengthening the kernel skeletons for powerful CNN via asymmetric convolution blocks[C]//IEEE/CVF International Conference on Computer Vision, ICCV 2019. IEEE,

2019: 1911-1920.

[8] Ding X H, Ding G G, Guo Y C, et al. Approximated oracle filter pruning for destructive CNN width optimization[C]//Proceedings of the 36th International Conference on Machine Learning, ICML: volume 97. PMLR, 2019: 1607-1616.

[9] Ding X H, Ding G G, Guo Y C, et al. Centripetal SGD for pruning very deep convolutional networks with complicated structure[C]//IEEE Conference on Computer Vision and Pattern Recognition, CVPR 2019. Computer Vision Foundation / IEEE, 2019: 4943-4953.

[10] Ding X H, Ding G G, Han J G, et al. Auto-balanced filter pruning for efficient convolutional neural networks[C]//Proceedings of the Thirty-Second AAAI Conference on Artificial Intelligence (AAAI-18). AAAI Press, 2018: 6797-6804.

获奖情况

2018 年华为奖学金。

2019 年百度奖学金、国家奖学金。

2020 年华为奖学金。

2021 年英特尔奖学金。

致谢

本书的顺利完成要首先感谢我的导师丁贵广老师。丁贵广老师将我领入了计算机视觉和机器学习相关领域，他对研究领域的热点问题把握精准，在学术道路上给予了我充分的支持和指导。在我的研究工作刚开始时，丁老师帮我确定以模型压缩为首个研究方向，我在这一领域逐渐提升了自己的研究能力，发表了论文。在我已经在几个主流学术会议上发表过一系列论文之后，也正是丁老师鼓励我勇于挑战自己，走出舒适区，去尝试难度更高而潜在影响力也更大的“硬核”方向——通用模型设计。

同时，我也由衷感谢英国亚伯大学的韩军功老师对我的论文写作的指导。在这几年里，是韩老师帮助我改掉了许多不恰当的英语用语习惯，提高了我的写作能力。

此外，我还要感谢旷视科技的张祥雨博士对我从代码到写作的全方位帮助，提高了我的自我要求和学术品位。正是在张祥雨博士的支持下，我在通用模型设计领域取得了一些影响力较大的成果，将“结构重参数化”从一个偶然冒出的想法逐渐发展为一个拓展到多个研究领域又自成一派的方法论体系。

感谢几年间合作过的老师和同学，包括旷视科技的孙剑老师、马宁宁博士、郭雨晨师兄，罗彻斯特大学的刘霁老师，中国科学院的陈宏昊学弟，实验室的贾子洲和郝天翔学弟，谢谢你们的热情投入和对我的信任。

感谢我的家人，感谢我的父母给我的爱和支持，感谢我的女友对我的包容与陪伴，感谢每一位亲人对我的关心和爱护。